KB155407

시민을 위한 여행

시민을 위한 여행

2023년 2월 28일 초판 1쇄 인쇄
2023년 3월 8일 초판 1쇄 발행

펴낸곳 이로츠
지은이 김준엽
디자인 이로츠
출판등록 2016년 3월 15일(제 2016-000023호)
주소 인천광역시 미추홀구 경원대로780번 길 22, 108동 1903호
문의 yrots100@gmail.com
ISBN 979-11-980209-1-8 03980

시민을 위한 여행

여행, 그리고
시민의 행복추구권을
생각하다

김준엽 지음

여행, 그리고 시민의 행복추구권을 생각하며

코로나 팬데믹은 2차 세계대전 이후 인류가 함께 겪는 최악의 상황을 만들어가고 있다. 전쟁의 참혹함을 뛰어넘는 죽음과 공포가 일상이 되어버린 현실에서 가장 큰 아픔은 인간관계의 단절이다. 20세기 후반 냉전이 해체된 이후 지구촌은 국경과 바다 건너에 오랫동안 떨어져 살던 이웃을 발견할 수 있었다. 그러나 30년이 흐른 오늘, 이념이 아닌 바이러스가 또다시 이웃을 갈라놓고 있다. 탈냉전 후 세계화는 가진 자들의 축제이기도 했지만, 인류사회의 연대를 통해 새로운 번영의 기획이 창조되던 시대이기도 했기에 팬데믹이 갈라놓고 있는 인류공동체의 해체는 무엇보다 가슴

아픈 일이 아닐 수 없다.

지난 3년간의 봉쇄와 차단이 풀리고 관계복원의 기운이 싹트고 있지만 수백만 명의 목숨을 앗아간 질병의 파괴력은 여전히 인류공동체의 복원을 가로막고 있다. 치료제도 나올 것이고 백신의 예방효과가 사망의 공포를 막아줄 수 있겠지만 불안과 공포가 만든 인간 사이의 틈을 좁히지는 못한다. 결국, 진정한 팬데믹 극복의 묘약은 사람과 사람, 사람과 자연의 만남이 아닌가 싶다. 바로 그 만남을 가능하게 해줄 새로운 여행의 시작을 기다리면서 이 책은 시작되었다.

나는 지난 3년간 창살 없는 감옥에서 고통받고 있는 '여행'이 하루속히 시민들 삶에 다시 들어가 시민의 행복권을 되찾아주고 인생을 풍요롭게 해주는 본연의 임무를 수행할 수 있기를 간절히 바란다. 코로나 이전과 이후의 삶으로 극명하게 단절돼버린 사람들의 삶을 다시 이어 생명력을 회복해 줄 여행이 세상 방방곡곡에 충만해지길 기원한다. 이를 위해 우리가 코로나 이전에 지나온 여행을 다시금 상기하고 그것을 교훈 삼아 코로나 이후엔 더욱 찬란한 여행이 생산될 수 있도록 시민사회의 고민과 열정을 깨우는 노력이 절실하다. 시민의

한 사람으로 미력이나마 그간의 경험을 나누고, 시민들과 함께 새로운 여행을 만드는 일에 이 책을 바치려고 한다. 헌법이 보장하고 있는 시민의 행복추구권이 무럭무럭 자라나 꽃처럼 형상화된 것이 여행이기에 모든 시민의 행복을 위해 여행이 우리 일상에 다시 자리 잡길 바란다.

> "모든 국민은 인간으로서의 존엄과 가치를 가지며, 행복을 추구할 권리를 가진다. 국가는 개인이 가지는 불가침의 기본적 인권을 확인하고 이를 보장할 의무를 진다."
>
> -대한민국 헌법 제10조

인생 첫 번째 해외 여행지 중국에 동행했던 동생 김우식과 인천여객터미널까지 배웅해주고 응원해준 동생 최희준과 손지호, 또한 이 책이 세상에 나올 수 있도록 도와준 동생 김훈태에게 감사의 인사를 전하고 싶다. 이 귀한 친구들이 없었으면 지금까지 여행을 통해 성장한 오늘의 내가 없었을 것이기 때문이다.

차례

5. 잊힌 형제국가

6. 가깝고도 먼 이웃들

부록. 국민연금 받기 전 꼭 가야 할 여행지

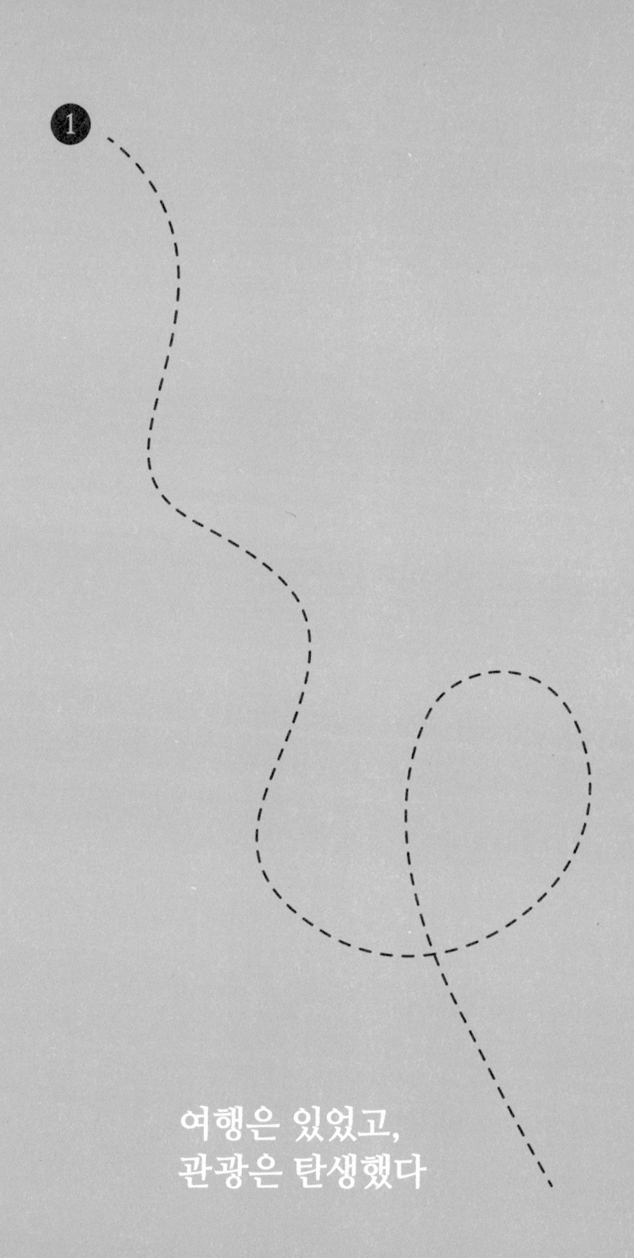

1

여행은 있었고,
관광은 탄생했다

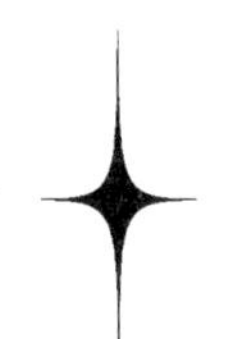

근대의 여행 '관광'

여행을 뜻하는 영어 단어 'travel'의 어원은 'travail(고통, 고난)'이다. 산업혁명 이후 교통수단의 편의가 등장하기 전까지 여행이 어떤 의미였는지를 상징하는 단어라고도 할 수 있다. travel 외에도 여행을 뜻하는 단어는 'tourism'이 있다. tour에 ism을 붙여 만든 말이다. tour는 현재 단독으로도 여행을 의미하는 단어로 사용된다. 그러나 tour가 여행을 뜻하는 단어로 활용된 것은 17세기 중반부터라고 한다. 17세기 중반부터 영국 귀족들은 젊은 자녀들을 유럽 대륙, 특히 이탈리아로 보내는 전통이 있었다. 당시에 이러한 전통을 '그랜드투어'라고 불렀고, 산업혁명이 시작하는 19세기 초에 tour에 ism이 붙은 tourism이 등장하게 된다. 단어의 기원이 말해주듯이 '여행'은 근대 이전부터 존재하던 생활의 일부였다.[1]

이러한 어원을 가진 서양사 최초의 여행(travel)은 그리스인 헤로도토스(B.C 5세기경)로 알려져 있다. 그는 바람처럼 구름처럼 방방곡곡을 다니며 눈과 귀가 느낀 것을 세세히 기록했다. 그리고 그 기록들은 '역사'라는 책으로 재탄생하고, 그에게 '역사의 아버지'라는 칭호를 부여한다. 어찌 보면 사전에 목적과 볼 것을 정한다는 '관광'의 의미를 가지는 것이 아니냐고 할 수도 있겠으나 헤로도토스는 책을 쓰기 위해 돌아다닌 것이 아니라 '떠남' 그 자체를 즐거워했기 때문에 최초의 여행자로 볼 수 있다. 그러나 그 당시부터 여가를 얻은 노동자 계급이 등장하기 전까지 헤로도토스처럼 목적 없이 떠날 수 있었던 사람은 극히 드물었다.

'로마시민만'이라는 한계가 있었지만 고대사회에서 여행이 급속히 늘어난 시기는 로마시대라고 할 수 있다. 모든 길은 로마로 향한다는 말이 등장한 '팍스로마나(1~2세기)' 시대에 로마제국에 의해 건설된 도로 교통망은 수많은 로마인들을 섬과 신전, 그리고 전설이 깃든 로마 구석구석으로 안내했다.

아마도 현대인들과 가장 비슷한 여행을 즐기던 시기는 로마시대였을 것이다. 화려한 목욕 문화와 해변의 낭만이 처음으로 인간의 행복을 만들어내던 로마가 멸망한 이후 시작된 중세시대는 종교(기독교)가 모든 것을 지배하던 시기였다.

로마시대에 쾌락과 여가를 즐기던 모습은 사라지고, 교회가 허락한 성지순례만이 여행의 형태로 존재했다. 중세 시대 성지순례에서 발견한 재미난 점은 현대 단체관광과 유사한 형태의 단체순례가 등장한다는 것이다. 교회에서 인정한 순례지가 정해지고, 순례단을 모집하여 비용을 산출했는데 교통, 숙박, 식사, 심지어는 순례 도중 만나게 될 이슬람교도 등에게 바칠 뇌물까지 포함되어 있었다고 한다.[2]

여행을 순례에 가둬버린 중세시대가 끝나고 르네상스 시대가 열리면서 새로운 형태의 여행이 등장하기 시작한다. 르네상스는 호기심의 시대였다. 그 호기심이 만든 여행의 새로운 형태가 바로 '모험', '탐험'이다. 지구가 둥글다는 것을 확인하고, 지구에 여러 대륙이 존재하며 그곳엔 다양한 문명을 가진 사람들이 살고 있음을 확인하던 시대가 시작됐다. 휴머니즘이 등장하고, 이를 바탕으로 수많은 시인들과 작가들이 여행을 통해 상상력의 지평을 끝없이 넓혀 나갔다. 이러한 변화

운행 초창기 증기기관차

는 대항해 시대의 시작이기도 했다. 중세시대의 봉쇄에서 풀려난 인간의 호기심과 욕망은 신대륙 개척으로 이어지고, 신대륙에서 약탈한 금과 농산물은 절대왕정의 든든한 물적 기반이 된다. 르네상스와 대항해 시대, 그리고 절대왕정 시대는 호기심과 여행이 만든 시대였다고 해도 과언이 아니다.

고대로부터 이어져 오던 여행은 18세기말 시작된 근대 이후 새로운 개념으로 파생된다. 오늘날 '관광(sightseeing)'으로 불리는 새로운 여행의 형태에 대한 정의(定意)는 분분하지만 관광의 등장과 관광의 사회학적 의미를 연구한《관광의 시선》의 공저자 존 어리와 요나스 라르센에 따르면 "관광객이 된다는 것은 '근대'를 몸에 걸치는 행위의 일환"이라고 말했다. 근대 시대에 관광이 가지는 의미가 그만큼 크다는 말일 것이다. 말 그대로 '나그네 여(旅)와 갈 행(行)'이 합쳐져 만들어진 여행은 순례, 탐험, 대항해 등의 미지의 대상을 향한 호기심의 형태로 근대 이전부터 존재했던 개념이고, '볼 관(觀) 빛 광(光)'이 합쳐진 관광은 호기심의 결과물을 보는 것이 주가 되는 새로운 형태의 여행이라고도 할 수 있다.

이와 같이 관광을 여행에서 파생된 근대의 새로운 여행 형태로 보는 관점도 있지만 관광을 여행과 완전히 다른 성격의 문화로 보는 관점도 있다. 결과적으로 보면 관광의 정의는 아직 특정한 이론으로 정립되어 있지는 않다. 구조적인 면에서 여행은 볼 것과 머물 시간이 미리 정해지지 않은 것을 특징으로 하고, 관광은 한정된 시간에 보게 될 것을 미리 계획하고, 이동할 교통수단과 숙박 등을 미리 정해서 실행하는 것을 특징으로 한다는 차이를 가지고 있다는 것이 일반적인 상식이다.

그렇다면 과연 근대의 관광과 근대 이전의 여행을 구별하는 결정적인 특징은 무엇인가? 어리와 라르센에 따르면 그 특징은 '대중성'이다. 관광이 등장하는 배경에는 노동자계급의 등장과 사회적 영향력의 확대, 노동자의 생활에 여가 또는 휴가가 등장하는 큰 변화가 전제되어야 한다. 다시 말해 노동자의 소득이 늘고 그들의 집단이 형성되어 등장한 대중사회, 소비사회가 관광을 탄생시켰고, 이것이 바로 여행과 관광의 태생적 차이를 말해준다.[3]

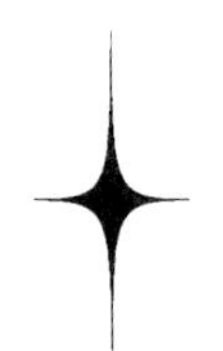

관광의 시대를 알린 런던 만국박람회(EXPO)

프랑스혁명의 열기가 한창이던 1789년 파리에서는 세계 최초의 산업박람회가 열렸다. 이후 여섯 차례나 계속된 박람회가 치러졌고, 1834년 경에 이르러 국제적인 규모의 산업박람회를 열자는 제안이 나왔다. 하지만 당시 프랑스 정부와 상공업계는 산업 기술에서 프랑스보다 우위에 있던 영국의 산업 제품들이 프랑스에 침투할 계기를 만들 수 있다는 우려를 제기했고, 결국 세계 최초의 '만국박람회'는 영국 런던에서 개최된다. 이는 당시 영국의 산업 수준이 어느 정도였는지 알려주는 증거였다.

산업혁명이 괘조의 속도로 진행중이던 1851년 5월 1일은 영국이 만천하에 각인된 날이다. 바로 세계 최초의 만국박람회가 영국의 수도 런던에서 개최된 것이다. 이 박람회에 대한 이야기는 보통 빅토리아 영국여왕의 남편인 앨버트 공으로부터 시작된다. 하지만 최초의 만국박람회는 헨리 콜(Henry Cole 1808~1882)이라는 사람으로부터 시작되었다. 15세 때부터 공공기록관리 분야에서 공무원 생활을 시작한 콜은 영국의 대표적인 혁신가였다. 1840년 노동자 계층이 우편제도를 이용하기 편리하도록 1페니 짜리 우편 상품을 기획하였고, 1843년에는 최초의 크리스마스카드를 출시하기도 했다. 이러한 혁신을 이어가던 중 앨버트 공이 왕립기술협의회 회장직을 맡게 되자 그를 도와 1874년 산업예술박람회를 개최했으며, 1849년 프랑스 산업박람회에 방문한 후 영국이 더 큰 규모의 세계적인 박람회를 개최해야 한다는 신념을 얻게 된다. 콜은 마침내 앨버트 공과 상공인들을 설득해냈고, 런던에서 만국박람회를 개최하기로 결정된다.

5개월 반 동안 6백여 만 명의 방문객을 기록한 박람회는 '관광의 아버지' 토마스 쿡에게는 하늘이 내린 기회였다. 침례교회 전도사이자 선교사로서 노동자 계몽활동에 주력했던 쿡은 노동자들이 박람회에서 발달된 산업 기술을 직접 눈으로 확인하면 기술 혁신에 대한 자극이 될 것으로 믿었다. 이 때 쿡은 '박람회 관람 패키지여행' 상품으로 16만 명의 관광객을 박람회장으로 안내했다. 이를 계기로 1855년 두 번째 만국박람회인 파리 만국박람회 때도 박람회 관람 패키지여행 상품을 내놓았고, 이는 '세계 일주 패키지여행' 등 전 세계로 나가는 해외여행 사업의 기원이 되었다.[4]

세계 최초의 박람회장에는 관광을 위한 볼거리들이 넘쳐났다. 인류 최초의 수세식 공중 화장실을 비롯해 박람회장으로 건축된 높이 20미터, 길이 563미터의 '수정궁'은 1만 3000여종의 전시품을 성공적으로 담아냈다. '수정궁'은 단순히 전시 시설물을 넘어 건축사에 길이 남을 기념비의 하나로 기록된다. 5천여 개의 유리와 철골로 만들어진 수정궁은 후대에 '런던박람회'를 '수정궁박람회'로 불리게 한다. 이 위대한 건축물은 1936년 11월 30일 화재로 전소되었지만 1855년에 파리에서 개최된 두 번째 만국박람회에 등장한 파리의 상징 '에펠탑'과 더불어 만국박람회를 빛낸 건축물로 기억되고 있다. 유럽 각국, 미주, 영국 식민지로부터 찾아온 관광객들은 영국의 앞선 공업, 통신, 교통, 도시환경 등을 눈으로 보고 자국으로 돌아가 과학 기술이 만들어낼 미래에 대해 부르짖었다.

2020 아랍에미레이트 두바이 EXPO 전시센터
(코로나 19로 인해 2021년으로 연기)

런던에서 시작된 만국(세계)박람회는 귀족사회가 대중(노동자)사회로 전환되었음을 알렸으며, 오늘날 월드컵, 올림픽과 함께 인류 최대의 국제행사로 이어져 오고 있다. 만국박람회는 국가와 도시를 세계에 알리고, 현재와 미래의 문명과 기술이 총망라되는 이정표를 제시하는 자리이기도 하다. 여행의 관점에서 보면, 현 시대를 사는 관광객과 다음 세대를 살아갈 관광객들이 모여 서로의 욕망을 겨루고 새로운 트렌드를 경험하는 축제라고 할 수 있다.

1851년 런던에서 열린 첫 번째 박람회의 공식명칭은 '만국산업생산물 대박람회Great Exhibition of the Works of Industry of All Nations'였고, 전시기간은 1851년 5월 1일~10월 11일이었다. 참가국 수는 32개국(영국식민지 15개국 포함), 총 관람객은 603만 9,205명이었다.[5] 역대 최대 관람객 기록은 2010년 중국 상하이박람회로 총 관람객수가 7,540만 명에 달했다.

국제박람회기구는 홈페이지에서 기구 설립의 목적을 다음과 같이 설명하고 있다. "국제박람회기구(Bureau International des Expositions, BIE)는 세계박람회를 지휘하고, 감독하여 인류의 지식과 사회적 변화 열망을 담아 과학/기술/경제 및 사회적 진보를 주제로 조직되었다."

박람회를 빛낸 여성, 메리 캘리넥

영국의 서남쪽 끝에 위치한 펜잔스에 살던 85세 고기잡이 여성 메리 캘리넥은 박람회를 보겠다는 일념으로 270마일(435km) 떨어진 런던까지 도보여행을 시작했다. 한 달 넘게 이어진 도보여행은 언론에 알려지게 되고 수많은 런던 시민들은 수정궁 앞에 모여 그녀의 도착을 열렬히 환영하는 행사를 열기도 했다. 이를 알게 된 빅토리아 여왕은 캘리넥을 궁으로 초대하여 '박람회를 빛낸 영국에서 가장 유명한 여성'이라고 부르며 그녀의 용기를 칭찬했다. 5일간의 박람회 관람 일정을 마친 캘리넥은 환송하는 런던 시민들을 뒤로 하고 다시 도보로 집으로 향했다.

-《소비의 역사》(설혜심 지음) 중에서

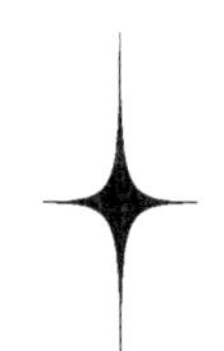

연행(燕行)의 기억과 여행의 부활

북경은 들이 넓고 산이 적어 비록 부귀한 집이라도 분원들이 다 평지에 있다. 이 즈음에 이르러는 좌우에 아로새긴 담과 단청한 높은 문이 웅성하였고, 혹 묘지 뒤에 대여섯 길의 조산(인공산)을 만들어 여남은 산봉우리가 병풍을 친 듯하였고, 수목을 무수히 심어 천일(天日)이 어두울 듯하였다. 그중 측백나무가 특별히 많았는데, 푸른 잎이 땅을 덮어 겨울인 줄을 깨닫지 못할 정도였다. 문 앞으로 개천이 인접한 곳에는 낱낱이 높은 다리를 놓았는데, 무지개다리를 만들고 좌우 난간이 특별히 정교하였다. 그중에 이따금씩 담이 무너지고 집이 퇴락하여 분상과 식물의 형용만 남은 곳은 필연

대명(大明) 시절 재상의 분원이리라. 형세를 잃고 자손이 누락하여 고쳐 지을 사람이 없는가 싶은 생각에 이르자 마음이 처여하여 눈물을 금치 못할 듯하였다.[6]

이 글은 조선 후기 북학파의 대표적 인물인 담헌 홍대용이 북경 여행기 《을병연행록》에서 묘사한 18세기 북경의 풍경이다. 사진 인화 기술이 등장하기 전이지만 인화된 사진을 보는 듯한 명문장이다. 여행기 제목에서 연행(燕行)은 요즘 말로 하면 '외교사절' 또는 '공무국외출장' 으로 이해하면 될 듯하다. 국가 밖으로 이동한다는 것이 극히 제한적이던 시대에 연행길은 해외를 접할 수 있는 소중한 기회였다. 18세기 조선의 연행 사절단 공무원들은 대부분 연행길을 담은 연행록을 남겼다. 그 중 홍대용의 연행기와 동시대 인물인 연암 박지원의 《열하일기》가 대표적인 여행기이다.

명나라 시절엔 중국 황제를 배알한다는 의미에서 조천(朝天)이라고 불리고, 청나라 시대에 와서는 북경의 명칭이 '연경'으로 바뀌고, 자연스레 국외출장 명칭도 '연행'으로 수정되게 된다. 매년 두 차례 정도 실시된 연행단의 규모는 500여 명 정도였다고 한다. 1년에 천 명 내외의 사람들이 정기적으로 해외여행에 나섰다고 할 수 있다. 연행엔 육조의 관원과 역관, 상인 등 다양한 계층의 사람들이 동행하였으며, 조선 후기 새로운 문물과 지식의 파이프라인 역할을 했다. 미국의 독립혁명, 프랑스혁명, 영국의 산업혁명 등 세계사의 대전환기에 압록강을 넘나들던 연행사절들은 일본을 넘나들던 조선통신사와 함께 조선에 세계를 알린 'CNN'이고, '로이터통신'이었을 것이다. 한참 전 기록이지만 혜초의 《왕오천축국전》과 앞서 소개한 홍대용의 《을병연행록》, 그리고 박지원의 《열하일기》는 21세기 여행자가 꼭 읽어 봐야 할 필독서로 권하고 싶다.

18, 19세기 조선 지식인들의 '글로 쓴 사진첩'인 연행록의 빛나는 기억들은 20세기 시작과 함께 찾아온 일제 식민지배와 함께 잊힌 기억이 되고 만다. 18세기 영국 지식인들이 주도한 그랜드투어 못지않은 조선 지식인들의 연행 기억은 20세기 중반에 이르러 서야 다시 빛을 보게 된다.

36년간의 일제강점기와 1950년 이후 3년에 걸친 동족상잔의 비극이 끝난 후, 한국인의 여행은 '관광산업'이라는 국책사업으로 부활하게 된다. 5,60년대 한국의 관광산업은 한국전쟁 이후 한국에 남은 주한유엔군(미군) 휴가지원 및 외화벌이 정책과 맞물려 진행된다. 관광호텔 건설, 외국인 관광객을 위한 경부선, 호남선 철도 확충 등 교통수단 확대가 전개됐다. 그 일환으로 1946년 9월 1일 한국 최초의 국제항공노선인 미국 노스웨스트 오리엔트 에어라인(Northwest Orient Airline)의 시애틀-도쿄-서울(Seattle-Tokyo-Seoul) 노선이 취항하고, 2년 뒤인 1948년 10월 23일엔 한국 최초의 항공사인 대한민국항공사(Korean National Airlines)가 설립된다. 1914년 개관한 한국 최초의 근대식 호텔인 조선호텔은 50년대 증축을 거쳐 1968년에 확장하여 신축되고, 현재 을지로입구에 위치한 롯데호텔 부지에 있었던 반도호텔은 서울의 대표호텔로 자리잡았다. 50년대 후반부터는 설악산 일대가 관광지로 개발되기 시작했으며, 전국 주요 도시엔 본격적으로 관광호텔이 건설됐다. 해운대·대구·온양관광호텔이 이 시기에 건설된 관광호텔이다. 1956년 관광버스 시승식과 1969년 관광호 특급열차 시승식은 전국적인 관심을 받은 주요 뉴스거리였다.

한국 정부는 관광을 통한 외화의 획득을 위해 1961년을 '한국방문의 해'로 정하고 다양한 관광객 유치방안과 행사계획을 수립했다. 이를 위해 비자 발급을 간소화하기도 한다. 또한, 1962년에 국제관광공사(한국관광공사)가 발족하여 한국

관광 홍보 등의 사업을 개시한다. 공항에선 외국인 단체관광객들에게 방문 축하화환을 전달하고, 중립국휴전 감시위원단 소속 위원들을 창덕궁 후원으로 초대하기도 하고, 하와이 교포 관광단이 대규모로 고국방문 행사를 진행하기도 한다. 1967년엔 지리산이 최초로 국립공원에 지정되어 국내외 관광객이 많이 찾는 대표적인 관광지로 떠오르게 된다. 70년대엔 외국인 관광객을 유치하기 위해 경주 보문관광단지와 제주 중문종합관광단지 등 호텔, 위락시설들이 대규모로 조성된다. 이러한 노력은 1978년 외국인 관광객 100만명 유치와 4억불 관광수입 달성이라는 성과를 만들어 낸다.

1980년대에 접어들어 1986 아시안게임, 1988 서울올림픽 개최를 계기로 외국인 방문이 급증하게 된다. 동시에 1989년 역사적인 '해외여행 전면 자유화 조치'로 해외여행을 떠나는 국민들도 기하급수적으로 늘었다. 우리 사회가 87년 6월 민주항쟁과 올림픽이라는 거대한 흐름 속에서 자신을 세계 시민 앞에 당당하게 드러내고 그들과 이웃으로 함께 살겠다는 의사를 분명하게 선포하게 된 것이다. 해외여행자유화 조치가 시행된 다음 해인 1990년 156만 명이던 해외여행 출국자 수가 10년이 지난 1999년 400만 명을 넘어서고, 2009년엔 900만 명, 코로나 팬데믹이 발생하기 직전 해인 2019년엔 2,900만 명을 기록하기에 이른다.

헨리 여권 지수 2위, 대한민국

영국의 다국적 이민회사 헨리 앤 파트너스(Henley & Partners)가 국제항공운송협회(IATA)의 통계를 기반으로 작성한 2022년도 헨리 여권 지수에 의하면, 한국은 싱가포르와 함께 공동 2위(192개국)에 올랐으며, 일본이 1위(193개국)를 차지했다. 독일과 스페인이 공동 3위(190개국)에 위치했다. 헨리 여권 지수는 전 세계 국가와 속령 227곳 가운데 여권 소지자가 무비자, 도착비자, 전자비자 등 방식으로 편리하게 입국할 수 있는 곳이 어느 정도인지를 지표화한 것이다.

헨리 여권 지수 순위(2022년, 코로나 바이러스 입국 통제 미반영)

1위 싱가포르 · 일본 192국
2위 대한민국 · 독일 190국
3위 핀란드 · 이탈리아 · 룩셈부르크 · 스페인 189국
4위 오스트리아 · 덴마크 · 프랑스 · 네덜란드 · 스웨덴 188국
5위 아일랜드 · 포르투갈 187국
6위 벨기에 · 뉴질랜드 · 노르웨이 · 스위스 · 영국 · 미국 186국
7위 오스트레일리아 · 캐나다 · 체코 · 그리스 · 몰타 185국
8위 헝가리 · 폴란드 183국
9위 리투아니아 · 슬로바키아 182국
10위 에스토니아 · 라트비아 · 슬로베니아 181국 [7]

2

여행은
혁신의 플랫폼

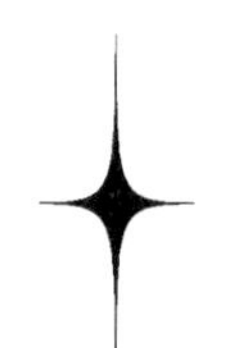

두 세기를 가로지른 혁신의 상징, 토마스 쿡

산업혁명으로 인류 역사상 최고의 혁신 국가로 등장한 '19세기 영국'은 오늘날 현대인이 누리고 있는 대부분의 편리한 도구들을 만들어낸다. 바다에선 배를 타고, 육지에선 역마차를 타고 수일 간 이동해야 목적지에 도착할 수 있었던 시대에서 철도의 등장은 몇 시간이면 목적지에 도착할 수 있는 시간 단축 혁명을 일으켰다. 1950년대 초 제트 엔진이 여객기에 장착되기 전까지 기차는 가장 안전하고 빠른 여행의 혁신적 도구였다. 철도가 가져온 교통 혁신 덕분에 1906년 경의선 전 구간이 개통되면서 부산과 파리 간 기차 이동이 가능해졌다. 이는 아시아 대륙의 끝에서 유럽 대륙의 끝까지 이어진 대역사였다.

철도는 1841년 세계 최초의 여행사이자 2019년 9월 23일 파산할 때까지 세계 최대의 여행사였던 'Thomas Cook'을 창조한다. 1808년 영국 멜버른에서 태어난 '관광의 아버지' 토마스 쿡은 침례교회 전도사로 활동하던 1841년 7월 5일 영국 레스터에서 열린 금주(禁酒)집회에 570명의 참석자를 모집하여 객실 9량의 특별열차 운행을 실현하였다. 이 금주집회는 토마스 쿡을 여행업의 창시자로 만드는 계기가 되었다. 철도가 운행되기 시작하면서 단체여행이 실행된 적이 있었지만, 기획-알선-모객-인솔로 이어지는 현대적 의미의 단체여행은 최초였다. 성공적으로 마무리된 이 단체여행은 토마스 쿡의 인생과 여행 역사에 일대 혁신을 낳았다. 토마스 쿡의 도전이 성공하자 수많은 사람들이 단체여행을 의뢰하기 시작했고, 여행사가 설립되기에 이른다. 세계 최초의 여행사와 여행업자가 탄생한 것이다.

19세기 초 시작된 산업혁명이 고도화되며, 노동자의 여가 시간이 늘어나게 되고, 귀족의 전유물이었던 여행은 대중화의 싹을 틔우고 있었다. 토마스 쿡은 여행을 '계몽의 학습장'으로 인식했다. 18세기 영국 귀족층의 그랜드투어를 일반 대중들에게 판매하여 노동자들도 여행을 통해 역사를 학습하고, 새로운 문화를 경험하게 한다는 것이 창시자의 목표였다. 이런 목표 때문에 많은 귀족층의 비난을 받기도 했다. 심지어 영국 고위공무원들은 토마스 쿡의 단체여행객들이 영국의 국격을 떨어뜨리는 '비천한 무리'들이라고 비난하기까지 했다. 하지만 그의 노력은 1860년대에 이르러 그랜드 투어의 핵심 목적지인 이탈리아 단체여행을 성사시켰다.

그랜드투어

18세기 영국 상류층은 엘리트 교육의 마지막 단계로 '그랜드투어' 과정을 거쳤다고 한다. 섬나라 영국의 수많은 젊은 귀족이 대륙으로 향했으며, 유럽대륙에선 이를 '영국인의 대륙침공'으로 부를 정도였다. 그랜드투어는 '동행교사' 교사라는 직업을 만들어 냈고, 여행을 최적화시켜주는 전문적 여행지침서가 출판되기도 한다. 토마스 홉스, 좀 로크, 애덤 스미스 등도 동행교사로 활동했다.(연세대학교 사학과 설혜심 교수의 저서 《그랜드투어》는 여행을 준비하는 모든 이들이 꼭 읽어 봐야 하는 필독서라고 추천하고 싶다)

그뿐만 아니라 토마스 쿡은 승차권, 호텔 바우처, 여행자수표, 가이드북 등 현대 여행의 기반이 되는 대부분의 도구

토마스 쿡 항공기

를 개발했다. 토마스 쿡의 혁신을 한마디로 표현하면, '여행의 대중화'다. 후대에 '쿡의 법칙'이라고 불리는 단체 할인요금의 도입은 여행 대중화의 새로운 이정표였다. '쿡의 법칙'은 19세기 노동자들의 성장을 촉진하는 자양분으로, 20세기 대중 사회 등장의 첨병으로, 두 세기에 걸쳐 인류의 행복과 교류를 위해 기여했다.

토머스 쿡은 자신의 경험을 바탕으로 여행업에 관한 몇가지 원칙을 제시했다. 교통과 숙박의 요금을 개인여행과 단체여행에 차등 적용하여 단체여행객들은 경비를 절약할 수 있었으며, 호텔/교통수단 운영자는 단체에 요금을 낮추는 대신 많은 여행객을 유치하는 것으로 수익이 늘어나게 된다. '쿡의 법칙'으로 불리는 이 원칙은 여행의 대중화를 가져왔으며, 지금까지도 여행업의 가장 기본적인 영업 방침으로 남아 있다.

'쿡의 법칙'을 다음과 같이 정리할 수 있다. 첫째, 관광여행은 가격에 대한 수요의 탄력성이 크기 때문에 요금을 낮추면 수요는 증가한다. 둘째, 교통기관이나 숙박시설은 고정비가 높기 때문에 이용자가 늘어나면 1인당 가격이 내려가도 수익은 증가한다. 셋째, 단체할인 제도를 도입하면 이용자나 교통업자, 숙박업자도 모두 만족할 만한 결과를 얻는다.

토마스 쿡의 파산과 60만 관광객 구출 작전

토마스 쿡 그룹은 여행사로 시작하여, 항공, 호텔&리조트 등 항공·호텔업 등으로 영역을 넓혀 매출 규모 2조 원의 거대 기업이 된다. 토마스 쿡 그룹은 2006년 토마스 쿡 앤 손과 마이트래블 그룹이 합병되면서 지금의 상호로 변경되었다. 토마스 쿡은 16개국에 호텔과 리조트 200여 곳, 항공사 5개를 거느리며 미래 관광시장까지 손아귀에 쥘 것 같았다. 특히 토마스 쿡 항공은 총 107기의 여객기를 운영하는 대형 항공사였다. 그러나 그들은 지난 170여 년의 전통만을 고집하며 변화하는 소비자의 욕구를 무시했다. 인터넷 플랫폼이 여행시장을 주도하는 가운데, 토마스 쿡은 오프라인만을 고수했고, 자유로운 여행을 선호하는 개인여행객이 급증했음에도 오직 단체여행 상품에 주력했다.

결국 2019년 9월 23일 매출과 비슷한 규모의 한화 2조 원가량의 부채를 견디지 못하고, 파산하게 된다. 파산 당시 토마스 쿡 그룹을 이용하던 고객은 약 60만 명 정도였고, 이들은 세계 곳곳에서 그대로 발이 묶였고, 영국 정부는 약 한 달간 정부 전세기를 이용한 '긴급 구조 작전'으로 영국 국민을 귀국시켰다. 당시 동원된 항공기는 총 150여 대였다.

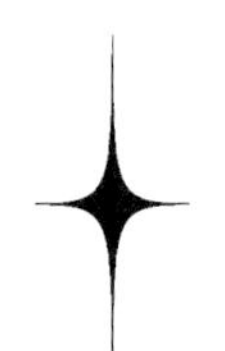

21세기 혁신의 상징, 구글

현대의 여행은 인류 역사가 만든 모든 문명과 기술, 지도, 음식, 숙박시설, 교통수단, 그리고 자연환경이 '사람'과 결합하여 완성되는 최첨단 문화이며, 상품이기에 여행을 구성하는 요소 중 단 하나라도 부족할 경우 실현되기 쉽지 않은 구조로 되어 있다. 이런 복잡한 구조로 '불편'과 '불안'을 일으키던 여행을 손바닥 안에 담아 '편리'와 '즐거움'으로 변화시킨 발명품이 21세기 직전에 세상에 등장한다. 그것은 바로 세상의 모든 정보를 모든 유저들에게 전달하겠다는 모토로 개발된 인터넷 플랫폼 '구글'이다. 구글 페이지는 구글의 개요를 다음과 같이 설명하고 있다. "Google의 목표는 전 세계의 정보를 체계화하여 누구나 유용하게 이용할 수 있도록 하는 것입니다." 무한 정보가 흘러 다니는 온라인 세계의 정보를 활용 가능한 정보로 가공해주는 구글의 편의성은 상상을 초월하는 수준이다.

1998년에 스탠포드 대학교에서 '세르게이 브린'과 '래리 페이지'에 의해 탄생한 구글은 한국(북한 포함)을 제외한 세계 모든 곳에서 길 찾기 기능을 구동할 수 있는 지도서비스(구글 어스)를 비롯해서 숙박, 음식, 안전, 교통 등 여행에 필요한 모든 정보를 여행자에게 제공해 준다. 통신요금만 지불하면 구글이 실시간으로 모으고 있는 정보를 통해 여행에 필요한 요소들을 채워 나갈 수 있다. 또한, 구글이 보유한 유튜브, 갤러리, 비디오 등 서비스를 통해 여행 일정에서 겪게 될 시행착오도 최소화할 수 있다.

그러나 안타까운 것은 대한민국은 현행법상 국토교통부장관 허가 없이 국내 지도 데이터를 국외로 반출할 수 없다는 것이다. 이 때문에 구글은 2016년 국토부 산하 국토지리정보원에 1:5,000 축척 지도 데이터를 해외 본사 데이터 센터에 저장할 수 있게 허가해달라고 요청했다. 이는 차량, 스마트폰 내비게이션을 만드는 기초 자료다. 하지만 한국 정부는 안보상의

이유 등을 들어 조건부 허가(군부대 등 안보 민감 시설을 흐리게 만드는 블러(blurred) 처리를 하거나, 해상도를 낮추면 긍정 검토를 할 수 있다는 입장을 밝혔다. 이에 구글은 서비스를 최신, 최상으로 제공해야 한다는 자사 원칙에 따라 요구를 수용할 수 없다고 거부의사를 분명히 했다. 결국 국내에선 구글맵을 통한 길찾기 서비스를 이용할 수 없게 됐고, 블러(blurred) 처리를 받아들인 네이버, 다음 등은 길찾기 서비스를 제공하고 있다.

한국인 입장에선 여행의 장애 요인이 아니지만, 한국에 입국하는 외국인의 입장에서 보면 많은 불편을 감수하거나 한국 업체가 제공하는 지도서비스를 활용해야 한다. 구글 생태계의 독점적 지위에 대한 비판도 있지만, 그럼에도 불구하고 현재와 미래의 여행에서 구글 서비스는 필수조건일 수밖에 없다.

구글 = 인문학+어학+경제학+생명공학
+기계공학+지리학+의학+지구과학
+우주공학+전자공학

어떤 여행이건 간에 과거와 현재의 도구와 지식, 성취가 총망라되어야 작동하고 완성된다. 하나의 요소라도 빠지거나 부실하다면 그 여행은 부실공사로 무너져 내린 건축물과 다를 바 없어진다. 여행은 이렇게 복잡하고 다양한 요소들이 결합하는 만큼 국가의 발전 수준에 따라 여행자의 규모가 정해질 수밖에 없다. 그렇기에 여행은 항상 당대 최고의 기술과 경제력을 가진 나라의 시민들이 주도하고 독점적으로 누리는 특혜가 되어 왔다. 이런 현실에서 구글 서비스는 개인과 개인, 국가와 국가 간의 차이를 좁혀주는 혁신의 발명품이기도 하다.

21세기 대제국 구글

1998년 9월 4일 창립, 창립자는 세르게이 브린, 래리 페이지 2명, 본사는 미국 캘리포니아 마운틴뷰, 지사는 50개 국가 70개 도시에 위치하고 있다. 생산하고 있는 제품은 구글 네스트 인공지능 스피커, 크롬북(태블릿 PC), 픽셀 스마트폰, 스마트워치, 무선이어폰 등이 있고, 온라인 서비스로 구글 검색, 클라우드 컴퓨팅, 유튜브, 안드로이드 소프트웨어, 구글 크롬, 지메일, 구글 플레이, 구글 지도, (구글)어시스턴트, 클래스룸, 피트니스, 여행, 드라이브, 뉴스, 번역, 문서, 캘린더, 포토, 어스, 스마트홈, 스칼라 등이 있다.

2021년 기준으로 매출액 2,576억 달러, 영업이익 787억 달러, 순이익 760억 달러, 자산총액 3,592억 달러, 주요 주주는 래리 페이지, 세르게이 브린 두 사람이고, 종업원 수 15만 6,500명에 달한다. 모기업은 알파벳, 자회사로는 구글 클라우드, 유튜브, 안드로이드, 웨이모, 딥마인드, 캘리코가 있다.(출처 : 위키피디아)

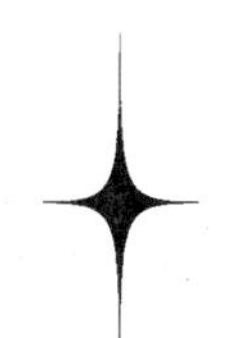

여행의 새로운 지평, 우주

2021년 9월 15일 미국 플로리다 우주 기지에서 민간인 4명을 태운 스페이스 X사의 '크루 드래곤'이 우주를 향해 출발한다. 인류 역사상 최초로 민간인만 태운 우주선이 출발한 것이다. 드디어 공상과학 영화나 만화를 통해 상상만 하던 우주여행 시대가 도래했음을 알렸다. 1969년 7월 20일, 닐 암스트롱이 달 표면에 새긴 인간의 발자국이 우주 개척사 1장의 시작이었다면 이제 1장의 이야기는 끝나고 새로운 장이 펼쳐지기 시작한 것이다. 이제 우주를 향한 출발에도 '여행'이라는 단어를 쓰는 게 합당한 시대가 우리 앞에 펼쳐진 것이다.

스페이스 X가 개발한 발사체

달 표면에
첫 번째 발을 내딛는
루이 암스트롱

테슬라의 일론 머스크가 창립한 민간우주탐사기업 '스페이스 X'는 인간의 화성 정착, 인류의 자유로운 우주여행, 우주 탐사비용 절감 등을 목표로 그동안 국가가 독점하던 우주를 인류가 함께 살아갈 공공의 공간으로 변화시켜 나가고 있다. 인류 최초의 우주여행선 크루 드래곤의 선장은 미국의 신용결제 회사 '쉬프트4 페이먼트'의 CEO인 38세의 억만장자 제러드 아이작먼이다. 아이작먼은 탑승 가능한 좌석 4석을 모두 사들인 후 탑승자들을 직접 선발했다고 한다. 영국 〈타임〉지에 의하면, 아이작먼이 좌석을 사기 위해 일론 머스크에게 지불한 금액은 약 2억 불(2,500억 원)가량이라고 하니 역사상 최초의 우주여행이며 동시에 역사상 가장 비싼 여행이기도 했다. 이제 여행은 최첨단 정보통신기술을 넘어 우주공학과 물리학, 천문학에도 기대는 시대가 열렸다고 할 수 있다. 여행은 현생 인류가 상상하는 모든 기술과 가치가 집약되는 최첨단 무형의 상품인 것이다.

"That's one small step for a man,
one giant leap for mankind."

(이 첫걸음은 한 인간에겐 작은 발걸음이지만 인류 전체에겐

커다란 첫 도약입니다.)

-닐 암스트롱이 달 표면에 내린 후

나사우주센터와의 교신에서 남긴 말

우주여행을 향한 최초의 순간들

① 1957년 10월 인류 최초의 인공위성 소련의 스푸트니크 1호 발사 성공

② 1958년 7월 29일 미국우주항공국(NASA) 설립

③ 1961년 4월 12일 소련의 보스토크 1호가 우주비행사 유리 가가린을 태우고 지구궤도를 도는 우주 비행에 성공. 인간을 태운 최초의 우주 비행.

④ 1969년 7월 16일 미국 닐 암스트롱 선장과 두 명의 비행사 버즈 올드린, 마이클 콜린스가 달을 향해 출발했고, 7월 20일 닐 암스트롱과 버즈 올드린은 달 착륙선으로 '고요한 바다'에 첫발을 내딛음.

⑤ 2021년 9월 15일 민간우주탐사기업 스페이스 X가 개발한 유인우주선 '크루 드래곤'호 출발. 인류 최초의 민간인 '우주여행' 시작.

3

여행은 욕망의 길잡이

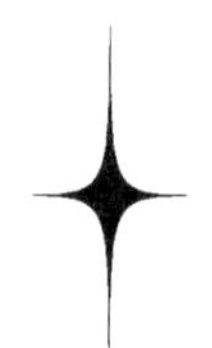

타이타닉호의 첫 번째 항해, 욕망의 단층

뉴펀들랜드 해안에서 640km, 북대서양 4km 깊은 수면 아래에는 거대한 배가 두 동강 난 채 현재까지 100여 년 동안 누워 있다. 이 위대한 배는 1912년 4월 10일 영국 사우스햄턴에서 승객 2,435명을 태우고 미국 뉴욕을 향해 출발했다. 길이가 269m, 무게가 52,310t, 최대탑승 인원 3,327명에 이를 만큼 거대한 도시 같은 배였다. 당시 세계에서 가장 큰 배였던 이 배는 바로 '타이타닉호'이다. 타이타닉호는 화려한 연회장, 수영장, 체육관 시설까지 각종 부대시설이 완벽하게 갖춰진 여객선이었다. 21세기에 운항하고 있는 수많은 크루즈선에 절대 뒤지지 않을 만큼의 서비스와 규모를 완비하고 있었다. 그러나 타이타닉호는 장엄한 첫 번째 항해를 시작한 지 5일 만인 4월 15일, 빙하와 충돌하여 평시 해상 재난사고로는 최대의 피해자를 내며 역사에 기록된다.

1차 세계대전 직전의 유럽은 산업혁명 이후 축적된 거대한 부와 풍요를 일부 계층이 맘껏 누리고 있었다. 이러한 풍요는 수천 년간 억눌려 오던 인간의 각종 욕망을 깨웠다. 타이타닉호는 당시 분출하고 있던 수만 가지의 욕망을 싣고 떠나는 거대한 그릇이었다. 한 마디로 타이타닉호는 그 자체로 우리가 여행을 다니면서 만나게 되는 다양한 문화와 계급, 언어, 음식, 예술이 펼쳐진 거대한 여행지였다.

새롭게 등장한 신흥부자들은 자신을 귀족의 반열에 올리기 위해 현재 화폐가치로 50,000달러 이상 되는 금액을 내고 배에 올랐으며, 부와빈곤의 사이에서 위를 향해 끊임없이 도전하던 중산층들은 그간의 노력을 스스로 보상받기 위해 어렵게 1등칸 언저리에 있던 2등 칸에 탑승했다. 그리고 소외된 도시 노동자들은 자유와 성공을 위해 3등 칸에서 피곤하고 지친 몸을 기대고 용트림을 시작한 신대륙을 향해 여행을 떠났다. 수많은 이들이 서로 다른 모습의 욕망을 좇아 대서양을 건너고 있었던 것이다.

비극적인 결말에도 불구하고 타이타닉호는 다양한 여행의 형식을 보여준다. 엄청난 비용을 내고 최상의 서비스를 즐기는 크루즈여행, 합리적인 가격으로 최상의 공간을 즐기는 휴양지 패키지여행, 경제적인 비용으로 거리를 누비는 배낭여행 등 현대인들이 지금 즐기는 여행의 유형들과 무척 닮았다. 그리고 5일이라는 짧은 여정이었지만 타이타닉호는 지금까지도 숱한 에피소드로 회자되곤 한다.

"Be British(영국인답게 행동하라), 승무원들 모두, 수고했다.
귀관들은 임무에 최선을 다했다. 그것도 아주 잘 해냈다.
나는 더 이상 요구할 것이 없다. 이제 임무는 끝났다.
이제 바다가 얼마나 험한 곳인지 잘 알게 됐을 것이다.
이제 귀관들도 살길을 찾아라.
신의 가호가 있기를 기원한다."
– 당시 생존 승무원이 전한 스미스 선장의 마지막 발언

"So, this is the ship they say is unsinkable?
(그래서 이게 당신들이 말하는 가라앉지 않는 배야?)
– 영화 〈타이타닉〉 대사 중

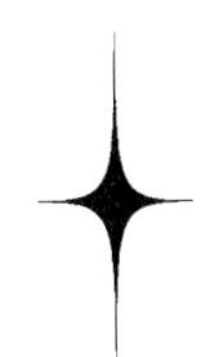

여행의 또 다른 이름 '탐험과 이민'

여행의 관점에서 보면 타이타닉호를 탄생시킨 '이전 백년(19세기 초~20세기 초)'은 '탐험과 이민'의 시대였다. 그리스·로마시대 이후 지중해를 중심으로 인간이 지리적 세계관을 가지기 시작하면서 미지의 세계에 대한 욕망은 끊임없이 이어져 왔다. 이러한 인간의 욕망이 현실화된 것은 산업화의 결과로 축적된 막대한 자본과 증기를 이용한 철도와 선박, 그리고 자동차 등 이동 수단의 혁명에서 기인한다.

아프리카에도 유럽인과 똑같은 감정과 미덕을 가진 인간이 살고 있다는 사실을 처음으로 밝혀내고, 세계 3대 폭포 중 하나인 빅토리아폭포를 발견한 영국의 선교사이자 탐험가

리빙스턴, 중남미 탐험을 통해 마야문명의 존재를 세상에 알린 미국의 탐험가 스티븐스, 인도차이나반도 메콩강부터 중국의 양쯔강에 이르는 미지의 세계를 프랑스에 알린 프랑스군 장교이자 탐험가 프란시스 가르니에 등 수많은 탐험가들이 수천 년간 감춰져 있던 새로운 인간문명을 찾아 떠나던 시대였다. 이들에 의해 수집 또는 약탈당한 문화재는 계몽주의로 포장된 프랑스의 루브르박물관, 영국의 국립영국박물관, 독일의 페르가몬박물관 등 유럽의 대표적인 박물관을 가득 채우고 있다.

오늘날 '탐험'이라고 불리는 이 거대한 여행은 제국주의 약탈이고, 식민지 개척이라고도 볼 수 있지만, 탐험가들이 발견한 유적은 현대인에게 휴식과 창조의 여행지로 각광받고 있다. 1907년 영국의 탐험가 아우렐 스타인에 의해 약탈당한 중국 막고굴(둔황석굴)을 비롯해 캄보디아 앙코르와트, 아프리카 빅토리아폭포, 페루의 마추픽추, 멕시코 칸쿤의 치첸잇사, 이집트 피라미드 등이 이 시기에 발견되거나 발굴되어 세계적인 여행지로 변모하게 된다.

탐험이 미지의 세계에 대한 욕망에서 비롯된 것이라고 본다면 오늘날 '배낭여행'도 탐험의 현대적 형태라고 볼 수도 있을 듯하다. 단, 19세기 탐험가들은 신분상 귀족이거나 부자의 후원을 받은 지식인이었고, 현대의 탐험가(배낭여행객)는 교통비를 충당할 수 있는 모든 사람이라는 차이는 존재한다.

5대양 6대주가 탐험의 열기로 뜨거운 가운데 다른 한편에선 '이민'이라는 또 하나의 거대한 여행이 시작되고 있었다. 산업혁명 이후 기술의 발달은 질병과 기근, 재난으로부터 인간을 지켜주기 시작했고, 안전해진 만큼 인구의 증가도 빨라졌다. 예를 들면, 1801년 당시 프랑스에선 1만 명 중 20세 연령까지 생존한 인구가 5,000명 정도였으나, 1901년에는 7,500명으로 늘어났다. 이는 유럽 및 유럽인 정착지의 보건정책과 개선된 생활환경의 영향이었다. 19세기 백 년 동안 세계 인구는 9억 명에서 16억 명으로 증가했다. 이 중 유럽의 인구 증가는 러시아 인구를 제외하고도 1억 2천만 명에서 2억 6백만 명으로 늘어난다. 그 증가폭은 어느 대륙보다 높았다.

19세기 유럽을 포함한 전 지구는 이민과 이주의 물결 속에 빠져들었다. 수많은 농민은 일자리를 찾아 도시로 이동했으며, 포화상태의 도시민들은 아메리카, 호주, 남아프리카, 시베리아로 이주한다. 1,810년 이들 지역의 인구는 570만 명이었으나 1910년에 이르러선 2억 명 이상으로 늘어난다. 부와 자유, 그리고 모험을 찾아 벌어진 19세기 '거대한 여행'은 세계 인구 중 백인의 비율을 22%에서 55%로 증가시킨다. 단 백 년 안팎의 시간 만에 벌어진 일이다. 우리가 60년대 이후 본격적으로 경험한 '이농현상'을 유럽은 백 년 먼저 경험한 것이다.[8]

이러한 '거대한 여행'이 유럽인들에게서만 일어난 건 아니다. 중국과 인도, 일본의 수많은 노동자들이 일자리와 사업을 찾기 위해 카리브해와 미국 서부해안 지역으로 몰려들기 시작한다. 나는 이러한 거대한 이동에서 오늘날 세계 주요관광지를 점령하고 있는 '형형색상의 깃발 뒤에 줄 선 단체관광객'으로 본다. 낯선 곳에 대한 막연한 두려움과 걱정을 서로 힘을 모아 극복하며, 서로의 군집을 성채로 삼아 상점과 문화유적 주변을 점령해 나가는 모습이 19세기 이민(이주)자들의 모습이 아닐까? 오늘도 많은 지구인들은 19세기 이주민들이 세계 주요 도시에 만든 '차이나타운', '덴마크마을', '재팬빌리지', '코리아타운' 등에서 또 다른 의미의 거대한 여행을 즐기고 있을 것이다.

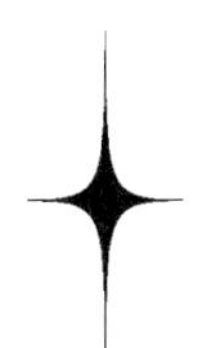

'시민여행'의 세 가지 과제

국경을 넘는 해외여행은 19세기 서구인들에 의해서 유행하기 시작했으며, 이 시기의 여행은 귀족층과 신흥 산업자본가, 그들의 후원을 받은 지식인들의 전유물이었다. 그리고 그들 여행의 근저엔 지구의 3분의 2를 제국의 식민지로 만든 유럽의 오만과 탐욕이 자리 잡고 있었다. 탐험이라는 명분으로 다른 문화를 약탈하고, 여행지에선 노예들의 시중을 받으며, 자원과 지식문화를 폭력으로 탈취하던 19세기의 여행이 21세기인 오늘날 과연 극복되었는가? 20세기 중반에 이르러서 19세기 제국주의 침략 역사가 형식적으로 끝났지만, 침략의 역사가 남긴 상처는 아직도 불치의 질병처럼 도처에서 인류의 행복을 위협하는 요인으로 남아 있다.

19세기의 성취는 여행사에 있어 대전환기였음이 분명하다. 오늘날 우리가 떠나고 있는 여행의 형식과 장소, 교통, 정보 등은 수많은 탐험가와 이민자들의 경험과 노력에 기대고 있다. 이러한 현실에서 19세기 여행을 반면교사 삼아 경계하고 극복할 몇 가지 함정을 함께 피해 갔으면 한다.

구별짓기에 갇힌 여행

'푸켓 갔다 왔어? 나는 지난겨울에 몰디브에 갔다 왔다'고 말하곤 한다. 자신이 다녀온 여행지가 마치 사회적 지위와 계급을 과시하는 하나의 상징으로 인식되는 일이 비일비재하다. 산업혁명 이후 등장한 신흥 부르주아들은 일반인들이 접근하기 힘든 멀리 떨어진 곳에 자신들만의 휴양지를 만들었다. 18세기 귀족들의 행태를 그대로 흉내 낸 이들의 '구별짓기 여행'은 현대 사회에도 그대로 전승되어 새로운 신분질서를 가르는 기준이 되어 있다.

과거에도 그랬지만 현대의 여행도 경제력은 가장 기본적인 여행의 구성 요소다. 경제력의 규모에 따라 떠날 수 있느

냐가 결정되고, 여행지, 여행의 형태, 교통편, 숙박, 음식, 기간 등 모든 것이 결정된다. 사회 모순이 여행에도 고스란히 투사되고 있다. 한 명의 건강한 시민이 만들어지기 위해 필수적인 요소인 '여행'이 일부 계층의 전유물이 되어 불평등의 도구가 된다면 이는 너무 큰 손실이고, 위험요소이다. 한 사회의 자본과 자원에 한계가 있는 건 맞지만 사회 공공재의 중추인 학교에서라도 사회적 가치 실현을 위해 체험학습, 현장답사 예산의 획기적 지원이 필요한 시점이라고 생각한다.

주마간산(走馬看山)식 여행

여행은 현재 보이는 걸 보고, 관광은 보려고 한 걸 보고 오는 것이다. 《인도에는 카레가 없다》, 《우리 안의 오리엔탈리즘 : 인도라는 아름의 거울》, 《인도현대사》 등 수많은 인도 관련 저서를 통해 인도를 균형 잡힌 시각으로 전해온 이옥순 교수는 동아일보(2013년 10월 26일자)와의 인터뷰에서 불가촉천민 취급을 당한 경험을 이야기한 적이 있다.

유학 시절 카스트의 최상 계급인 브라만의 집을 방문했어요. 인도문화에 호기심이 많아 자연스럽게 부엌을 들여다봤더니

주인집 여자가 경악하더라고요. 알고 보니 집안에서 가장 성스러운 공간인 부엌에 불가촉천민이 들어오면 부정을 탄다고 여기더군요.

인도에서 카스트제도는 법적으로 폐지됐지만 그 문화는 여전하고, 외국인은 이론적으로 카스트 계급에도 못 들어가는 불가촉천민이라는 것이다. 90년대 말부터 2000년대 중반까지 유행하던 인도여행 열풍은 물신주의에 지친 한국인들이 요가, 고행, 명상, 심지어는 인도의 가난까지 예찬하는 지경까지 이르게 만든다. 이를 볼 때 이옥순 교수의 경험은 구경만 하고 지나가 버리는 여행자들의 주마간산식 관점의 한계를 지적하고 있다고 하겠다.

교통시스템에 갇힌 여행

'모든 길은 로마로 통한다.' 가장 발달한 곳을 향해 부족한 문화 환경을 가진 사람들이 몰려들어 식민주의적 열등감으로 타자의 우월성에 한껏 빠져들고 정신적 구원을 얻어 온다. 그건 바로 하늘길도 땅길도 바닷길도 가장 발전한 곳을 향해 뻗어 있기 때문이다. 모든 길과 항로가 서울로 이어져 있는 것과 같다. 이러한 경로의존을 극복하고 좁은 길, 조금 불편한 길, 미지의 세계를 향한 도전과 용기가 전제될 때 비로소 관광이 아닌 여행이 될 수 있다. 유럽 배낭여행이 유행할 당시 유럽에선 한국인 여행자들을 '배낭을 멘 단체여행객'이라고 표현했다고 한다. 이제 한국인도 그런 평가를 극복하고 개인의 취향과 탐험의식이 각양각색인 진정한 여행자로 거듭날 시점에 와 있다고 생각한다.

> "내가 로마 땅을 밟은 그 날이야말로 나의 제2의 탄생일이자 내 삶이 진정으로 다시 시작된 날이라고 생각한다."
>
> –요한 볼프강 폰 괴테

제국주의 시대 이후 유럽인들이 즐겨 찾는 여행지

- 탄자니아 세렝게티 / 응고롱고로 / 잔지바르
- 남아프리카 공화국 케이프타운 / 더반
- 필리핀 보라카이
- 인도 고아, 보츠와나 초베강 일대
- 케냐 마사이마라
- 미얀마 바간 / 인레 호수 / 응아빨리

4 시민의 고향, 런던과 파리

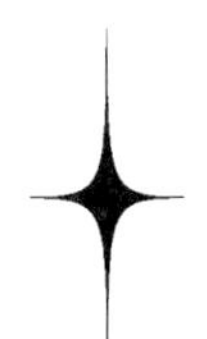

'시민'이 꼭 방문해야 할 두 도시

1215년 영국 런던 템스 강변에서 존왕이 서명한 대헌장, 1789년 8월 26일 프랑스 국민의회에서 채택된 프랑스 인권선언은 민주와 인권의 씨앗이며 그 결실이라고 할 수 있다. 영국은 세계 최초로 피지배자뿐 아니라 지배자에게도 적용되는 법인 대헌장을 통해 수백 년에 걸쳐 의회민주주의를 발전시켰고, 프랑스는 인권선언을 통해 인류 역사상 처음으로 '개인'이라는 천부인권을 통해 근대가 열렸음을 세상에 공표했다.

① 1215년 6월 15일에 발표된 대헌장(Magna Carta)

제3차 십자군 전쟁 등으로 발생한 과도한 과세에 불만을 품은 귀족들과 존왕 사이에 내전 직전까지 간 갈등이 발생하였고, 귀족들의 압박에 굴복한 존왕은 총 63개 조항으로 된 대헌장을 발표한다. 대헌장은 왕은 귀족의 동의 없는 세금을 징수할 수 없으며, 법에 의한 재판을 거치지 않고 자유민(성직자, 평민, 귀족) 처벌을 금지 등 법이 국왕의 명령보다 우위에 있음을 확인했다는 점에서 의회민주주의의 근간이라고 할 수 있다.

② 1789년 8월 26일 프랑스 인권선언 '인간과 시민의 권리선언'

프랑스혁명의 결과물이며, 유럽대륙 최초의 인권선언이다. 미국 헌법을 작성한 토마스 제퍼슨이 자문했다고 알려져 있으며, 라파예트와 시에예스에 의해 초안이 작성된다. 총 17개 조항으로 구성돼 있으며, 대표적으로 제1조는 인간의 기본권, 제2조는 저항권, 제3조는 국민주권의 원리에 관한 조항 등이 있다.

500여 년의 시차를 두고 일어난 두 개의 선언은 상호보완되어 오늘날 인류 보편가치인 주권재민을 완성했다. 이 거대한 두 사건이 벌어진 역사의 현장은 바로 두 나라의 수도인 런던과 파리다. 민주주의와 인권이라는 인류 보편가치의 출발점에 서 있던 두 도시는 수백 년간 세계사를 주도했으며, 자의든 타의든 간에 후발 국가들의 범례가 되었다. 이 시간에도 수많은 시행착오 극복을 통해 인류를 위한 역사를 만들어 가고 있음은 부인할 수 없는 사실이다.

이러한 의미에서 오늘을 사는 '시민'이 꼭 방문해야 하는 도시는 런던과 파리다. 특히 시민이 위임한 권한으로 민주사회의 공공영역을 담당하고 있는 공무원들이라면 국가 예산을 적극적으로 활용해서라도 방문하고 학습해야 하는 '필수 방문 도시'로 런던과 파리를 지정해야 한다고까지 말하고 싶다. 더 많은 공무원이 런던과 파리 여행을 통해 민주화와 인권에 대해 근본적으로 성찰하고 공공의 이익을 위해 헌신할 정신적 근거를 충만하게 만들어 올 수 있다면 결과적으로 그들에게 서비스 받는 시민의 행복으로 이어지리라 믿는다. 중앙정부와 지방정부는 공공서비스의 질적 향상을 위해 '근대 시민'이 출현한 런던/파리 연수(교육)프로그램을 지체 없이 만들기 바란다. 다른 지역으로 가는 공무국외 연수 예산을 전면적으로 줄이고, 하루속히 전문가들과 머리를 맞대기 바란

외젠 들라크루아 作, 민중을 이끄는 자유의 여신, 1830년

다. 근대 사회의 공무원은 한 명의 시민으로서 또 다른 수많은 시민에게 위임받은 권한을 가지고, 그 권한을 위임해준 시민들에게 봉사하는 공복(公僕)이기 때문이다.

런던과 파리 이야기를 시작하기 전에 조선의 '공무원'이며, 조선 최초의 미국 유학생인 유길준이 저서 《서유견문》에 기록한 런던과 파리 풍경 일부를 소개하고 싶다. 조선 말기 최고의 국제 감각을 가진 지식인이 바라본 두 도시 이야기는 시대를 뛰어넘는 깊은 식견을 보여주고 있다. 정보화 시대에 뒤

떨어지지 않는 지식과 지혜를 겸비한 19세기 유길준이 그저 놀라울 따름이다.

《서유견문》은 유길준이 유럽과 미국을 둘러보고 쓴 기행문으로서 1895년 교순사에서 출간되었다. 유길준은 1881년, 26살 되던 해에 신사유람단으로 일본을 처음 방문하면서 이를 구상하였다. 1883년 9월, 민영익을 전권대신으로 한 보빙사의 수행원으로 선발되어 이듬해 11월까지 미국에 체류하면서 얻은 갖가지 견문, 귀국할 때 유럽을 경유하면서 넓힌 견문과 지식을 바탕으로 엮은 책으로 한국 최초의 국한문혼용체이며 모두 20편으로 구성되었다.

> **런던** : 이 도시는 영국의 서울인데, 영국은 바로 Great Britain이다. 그 본토는 아주 작은 섬나라지만 식민지가 6대주에 흩어져 있어서, 온 세계를 호랑이처럼 위풍 있게 돌아보며, 국민들의 부유함도 세계에서 으뜸간다. 이제 런던의 모습을 기록해 보자. 이 도시도 역시 큰나라의 서울이라서 주민이 325만을 넘고, 또 여기서 머무는 내외 상인과 여행객들이 수백만이나 된다. 인가가 52만 8,890여 호니, 그 화려함과 광대함이 천하에 으뜸이다...... 국회의사원은 'Parliament'라고 하는 곳인

데, 웨스트민스터 다리 북쪽에 자리 잡고 있다......영국의 정치 체제는 임금과 국민들이 함께 다스리는 제도다. 정치 법령이 국민의 권리를 보호하여 관대하는 것을 위주로 하고, 압제하는 풍속은 나타나지 않는다...... 국회를 구성하는 체제를 대략 설명해보자. 상원은 사법권을 지녔고, 하원은 조세를 기초하는 특권을 지녔으니, 본국의 세출 경비를 조사하여 세입 할 세금액을 결정짓는다.

파리 : 이 도시는 프랑스의 서울인데, 주민은 180만이나 된다. 위치는 센 강 서쪽 기슭에 걸쳐 있는데, 33개의 철교와 돌다리가 가설되어 있다. 시내는 세 부분으로 나뉘어졌는데, 둘레가 70리 가까이 된다. 시내에는 누대와 시장이 즐비하고, 연못과 공원이 별자리처럼 흩어져 있는데, 도로의 청초함과 가옥의 화려함이 세계의 으뜸이다. 런던처럼 웅장하거나 뉴욕처럼 부유한 도시도 파리에는 사흘 거리 쯤 뒤떨어진다. 이제 그 까닭을 생각해보자. 런던이나 뉴욕은 땅속이나 공중으로 철도를 가설하였고, 공장이 혼잡하여 천둥소리가 밤낮없이 시끄럽게 울려 사람의 귀를 시끄럽게 한다. 또 석탄 연기가 해와 달을 가려 어둡게 하고, 비와 이슬도 검게 변해버려, 도시 모습

이 비록 웅장하다고는 하지만 지저분한 곳이 없지 않다. 그러나 파리는 그렇지 않다. 공장이 비록 많기는 하지만 한쪽 구석에 몰려 있고, 거리의 가게들도 깨끗한 광장에 잘 꾸며 놓았다. 시내 여러 곳에는 쉴 곳을 마련해 놓았고, 아름다운 꽃과 기이한 나무들을 심어 놓았으며, 거리를 다니는 사람들도 우아한 풍채를 지녔다. [9]

영국의회의사당

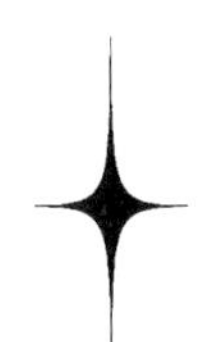

런던여행은 시간여행

지난 2,000년 인류 역사를 하나의 그릇에 담아 놓은 도시 런던은 영국의 수도이지만 넓게 보면 세계인의 권리와 문화를 착취하기도 보존하기도 한 야누스 같은 두 얼굴의 도시이다.

① 매년 3,600만 명(2019년 기준)의 관광객이 영국을 찾고 있다.

② 그중 1,200만 명이 런던을 방문한다.

③ 관광 수입은 1,310억 달러이며, 관광객 대상으로 200만 개의 일자리가 창출되고 있다.

AD 47년 로마인들의 침략(런던의 기원 로마제국 '론디니움')으로 시작된 런던은 2,000년이 지난 지금까지 영국의 수도이자 300여 개의 언어가 동시에 구사되고 있는 세계인의 도시로 살아 숨 쉬고 있다. 오늘의 런던은 로마인들의 침략으로부터 노르만족의 점령, 왕권과 귀족 간의 갈등과 대립 속에 등장한 의회(Parliament), 중세유럽을 지배하던 교황권력과의 대립, 청교도혁명과 크롬웰의 공포정치, 명예혁명, 트라팔가 해전, 워털루 전투, 54개 영연방국가를 거느린 대영제국의 역사, 2차대전 이후 대영제국의 해체와 쇠락의 시대, 탈유럽을 통한 대영제국 부활 비전 등 영국의 과거, 현재, 미래가 고스란히 녹아 있는 '타임캡슐' 같은 곳이다.

그래서 난 런던여행을 '시간여행'이라고 부르고 싶다. 런던은 뉴욕처럼 현대문명의 화려한 성취로 새롭게 탄생한 창조론적 도시가 아니고, 생태환경의 변화에 맞춰 적응해가는 동물과 식물의 진화처럼 지난 시대의 역사를 적절히 간직한 채 발전해 온 진화론적 도시라고 할 수 있다. 런던은 항상 지난 과거와의 연장선상에서 존재한다. 템스 강변에 즐비한 고전 건축물들 한가운데 시티오브런던의 고층빌딩과 대관람차인 '런던 아이'가 자리 잡고, 세인트폴 대성당의 웅장한 돔이 정면으로 보이는 템스강 위엔 현대적 디자인의 밀레니엄 브릿지가 가로지르고 있는 풍경이 이를 증언해주는 듯하다.

또한, 런던엔 선혈이 낭자했던 프랑스혁명 시기 파리에서 벌어진 격변은 존재하지 않는다. 런던의 풍경은 2천 년간 켜켜이 쌓인 수천 수백 개의 노출된 단층들로 구성돼 있다. 런던은 변화된 문화나 환경에 어울리지 않는다고 해서 지우개로 지워버린 곳이 없다. 변화된 현실에 맞게 부족한 부분을 채우고 또는 불필요한 부분을 제거해서 오래된 듯하지만, 기능적으론 현재 상황에 가장 적합한 것으로 재생해내는 탁월한 능력을 소유한 도시이기도 하다. 도심 한가운데 자리하고 있던 화력발전소가 현대미술의 보고로 재탄생한 테이트모던 미술관을 보면 런던의 재생능력을 단번에 알 수 있다.

서울의 한강처럼 런던의 한가운데를 가르는 템스강의 풍경은 공적인 것과 사적인 것의 구분이 명확하다. 템스강 가까운 곳엔 런던공동체가 함께 누릴 수 있는 의회, 총리 집무실, 미술관, 박물관, 공원 등 공공의 공간이 가득하며, 강변을 둘러싼 공공의 공간을 벗어나면 개인의 사생활이 펼쳐지는 주택가와 펍이 등장한다.

강이라는 공공의 자산을 공공의 공간으로 아름답게 포장

한 런던 시민들의 공공의식은 서울의 한강에도 이식하고 싶다. '민영 아파트박물관'을 방불케 하는 각양각색의 사유재산들이 공공의 자산인 한강을 독점적으로 누리고 있다. 70년대 시작된 강남개발이 얼마나 참담하고, 천박했는지 굳이 설명을 듣지 않아도 바로 알 수 있다. 서울의 중앙을 관통하는 한강의 탁월한 입지조건은 개인 사유재산이 점령하고 있고, 국립박물관과 국립미술관, 국립도서관 등 공공의 자산은 시민과 격리된 도시의 한구석 또는 외국군대 앞마당에 던져버린 것은 천문학적 비용이 들더라도 반드시 바로 잡아야 하는 우리 시대의 과제이다. 이것은 우리 사회가 합의한 '민주공화제'는 공공의 이익을 우선으로 하기 때문이다.

런던을 방문하는 거의 모든 사람에게 템스 강변 걷기는 필수코스다. 첫걸음부터 템스강 주변 아름다운 건축 풍경에 주목하기 전에 그 건축물들이 공공의 자산이라는 것에 주목해야 한다. 영국 상하원의사당(시계탑 '빅벤'), 런던 아이, 국립극장, 세인트폴 대성당, 테이트모던 미술관, 세익스피어글로브 극장, 런던 타워, 타워브릿지 등 템스 강변을 따라가면 만날 수 있는 역사적인 공공 명소들이다. 생각을 돌려 강의 너비와 길이로만 보면 템스강의 형님쯤 돼 보이는 한강변의 풍경을

런던 아이와 공공의 강 '템스'

하이드파크에 있는 'EXPO'의 창시자 앨버트 공(Prince Albert) 기념비

상상해 보면 치밀어 오르는 분노와 아쉬움을 느끼곤 한다.

영국의 국가의료서비스(NHS: National Health Service)

1948년에 시작된 NHS는 국가에서 운영하는 병원과 주치의(GP)를 지정해 의료서비스를 제공하는 의료서비스다. 환자들은 의약품 처방을 비롯한 모든 의료 및 치과 서비스를 무상으로 받을 수 있다.(영국과 상호 보건협정을 맺은 나라의 국민이거나 영국에서 6개월 이상 공부할 계획인 학생이면 출신 국가에 상관없이 NHS의 혜택을 받을 수 있다)

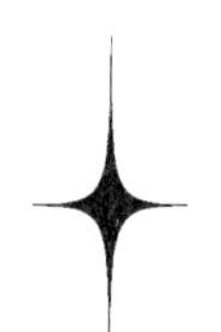

'계몽주의' 학교, 런던

여행을 가능하게 해주는 것은 최소한의 경제적 능력, 시간, 건강한 체력일 수 있다. 하지만 그 여행을 풍요롭게 해주는 것은 '계몽주의적' 학습이라고 말하고 싶다. 이런 의미에서 박물관(미술관)은 여행을 완성하는 핵심 요소라고 할 수 있다. 고리타분한 과거의 집합소라고 여기는 사람들도 있겠지만 오늘날 박물관은 과거와 현재, 현재와 미래를 가장 효과적으로 연결해주는 장소로 끊임없이 진화하고 있다. 특히 미술관은 시대의 변화에 맞춰 재창조와 생동감을 전해주는 장소다. 박물관은 기원전 3세기 알렉산드리아에 있던 건축물 '무세이온 Mouseion'에서 시작된다고 한다. 중요한 문서나 희귀 서적, 조각 등 예술과 종교의 창작품을 보관하는 장소였다.

르네상스 시대까지 개인의 장신구 보관소였다고 할 만큼 기능이 제한적이던 박물관은 계몽주의 시대에 이르러 현대적 의미에서의 박물관으로 거듭난다. 계몽주의 시대부터 시작한 지식에 대한 열망과 교육 열풍은 박물관의 기능과 역할을 확대해 갔다. 현재에도 그렇지만 계몽주의 시대 박물관은 지식을 전달하고, 생각의 지평을 넓혀주는 가장 중요한 교육의 장이었다. 정보화 시대의 근간인 초고속인터넷이 그 시대 박물관이었다. 중세 암흑기와 절대왕정의 어두운 터널에서 교육의 기회를 박탈당했던 시민들이 근대사회의 주체로 성장해가는데도 박물관은 큰 역할을 했을 것이다.

이러한 계몽주의 정신은 위대한 두 개의 박물관을 탄생시킨다. 하나는 1759년 런던에 세워진 영국 박물관이고, 또 하나의 박물관이 1793년 파리에 세워진 루브르 박물관이다. 러시아 상트페테르부르크에 있는 에르미타주 박물관과 더불어 세계 3대 박물관으로 여겨지는 두 개의 박물관은 인류 유산의 최대 보고, 지식에 대한 갈증을 해소해주는 오아시스와 같은 곳이다. 두 박물관의 가장 큰 특징은 박물관이 보유한 소장품을 세계 모든 나라의 방문객에게 공개하는 것을 원칙으로 한다는 것이다. 과거 일부 특권층만을 위해 존재하는 공간에서 민주적 공공재로 변화했다는 것은 인류를 위해 큰 의미가 있다.

여행이 시작되고 어딘가 도시에 도착하면 가장 먼저 '계몽의 바다'인 박물관(미술관)을 향해 달려갑시다. 박물관은 우리에게 여행에서 쓸 돈, 사용할 시간, 소모될 체력, 움직일 방향 등 여행의 모든 것을 올바르고 풍요롭게 만들어줄 것이기 때문이다.

영국박물관 그레이트 코트

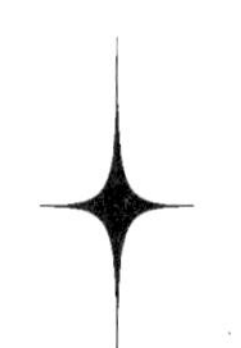

런던에서 꼭 가야 할 박물관(미술관)[10]

① 영국박물관

1759년에 설립되었으며 대영박물관으로 불리기도 하는 세계에서 가장 오래된 박물관이다. 영국박물관은 1753년 의사이자 아이작 뉴턴에 이어 영국왕립학사원 원장을 역임한 한스 슬론 경의 소장품에서 시작된다. 한마디로 영국이 만든 '세계 최대 백과사전'이다.

영국의 박물관법에는 다음과 같이 기록돼 있다. "현재 소장하고 있는 것이든 미래에 소장하게 될 것이든 박물관의 모든 소장품은 항상 유지되고 누구에게나 무료로 공개되어야 한다." 이보다 멋진 근대적 문구를 본 적이 없다.

② 빅토리아 앨버트 미술관

1851년 런던만국박람회를 기획하고 성공시킨 헨리 콜에 의해 설립되었다. 이 미술관은 세계 최대의 장식예술품 미술관이다. 시대별 의상, 비단, 자기, 가구, 장신구에 이르기까지 폭넓은 소장품을 보유하고 있다. 1857년 사우스켄싱턴 미술관으로 개관되었으며, 1899년 지금의 빅토리아 앨버트 미술관으로 이름이 변경되었다.

③ 영국 국립미술관

런던 트라팔가 광장을 앞마당으로 하는 이 미술관은 세계 주요 미술관에 비해 늦은 1824년 설립되었다. 그러나 다른 국립미술관들과 달리 왕실의 소장품이 아닌 일반 시민과 수집가, 미술가들에 만들어진 공공미술관이었다. 처음부터 공공시설로 설계된 최초의 미술관이라고 할 수 있다. 당연히 이 미술관 역시 무료로 입장할 수 있다.

④ 테이트모던 미술관

템스강 너머로 세인트폴 대성당을 마주 보고 있다. 1980년대 중반 가동이 중단된 뱅크사이드 발전소를 개조하여 설립된 이 미술관은 테이트 브리튼 미술관의 분관이다. 밀레니엄 브리지와 연결된 이 미술관은 밀레니엄이 시작된 2000년에 개관했다. '현대미술의 보금자리'로 불릴 만큼 다양한 종류의 현대미술 작품들이 소장돼 있다.

⑤ 영국 자연사박물관

1881년 개관한 자연사박물관은 영국박물관 설립의 계기가 된 과학자 한스 슬론 경이 헌납한 방대한 자연사 소장품에서 시작되었다. 영국 자연사박물관은 8만여 점에 이르는 한스경의 소장품과 계속 늘어나는 자연사 관련 소장품을 감당할 수 없게 된 영국박물관을 대신해 자연사 관련 소장품만을 전시하고자 만들어진 박물관이라고 할 수 있다. 현재 소장하고 있는 자연사 관련 소장품이 7,000만 점에 이르는 세계 최대 규모의 자연사박물관이다.

섬나라에 사는 영국인들에게 유럽 대륙은 넘어서야 할 거대한 담벼락이었고, 문화와 문명의 원천이었다. 영국인들은 이러한 섬나라의 한계를 트라팔가 해전 이후 본격적인 해양 진출로 거침없이 극복했으며, 대륙의 문화와 문명을 영국만의 독특한 문화와 문명으로 재창조하여 19세기 이후엔 산업

영국 국립미술관

영국박물관(British Museum)

혁명 성공과 앞선 의회민주주의로 대륙을 뛰어 넘는 대제국을 일궈낸다. 비록 현재의 영국 현실이 과거 대영제국의 영광에서 멀어진 건 사실이지만, 축구와 뮤지컬만은 대영제국의 영광을 그나마 보존하고 있는 세계 최고의 영역으로 살아남아 있다.

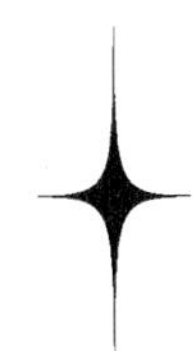

부활한 대영제국 '프리미어리그'

여러 민족과 국가가 즐기던 공놀이 중 발을 이용한 공놀이 하나가 19세기 중반 영국 캠프리키 대학에서 만든 규칙으로 표준화 되고, 이로서 영국은 '현대축구'의 종주국이 된다. 축구는 오늘날 전세계인이 가장 사랑하는 스포츠다.

1862년 노팅엄에서 세계 최초의 프로축구 클럽인 노츠 카운티 FC가 창단되었고, 이듬해 축구협회가 만들어지게 된다. 이렇게 세계 최고의 프로축구리그인 '잉글리쉬 프리미어리그 (EPL)'는 영국에서 만들어지고 있었다. 유럽에선 Football, 미국에선 Soccer로 불리는 축구는 지구상에서 가장 많은 사람들이 즐기는 스포츠로 자리 잡고 있다. 세계 주요한 축구리그로는 스페인 프리메라리가, 독일 분데스리가, 이탈리아 세리에 A, 브라질 캄페오나투 브라질레이루 세리 A, 아르헨티나 리가 프로페시오날 등이 있다.

이처럼 축구가 전 세계 최고의 스포츠로 자리 잡을 수 있었던 배경엔 19세기 지구의 절반을 식민지로 삼았던 대영제국의 강력한 힘이 존재했다. 제 2차 세계대전이 끝나고 세계 질서가 미국과 소련 중심의 냉전체제로 재편되기 전까지 지구상에 존재하는 모든 대륙엔 영국식민지가 존재했었다. 고로 음악이든, 언어든 모든 문화는 영국인들의 취향과 유행이 대세가 되는 건 자연스러운 현상이었을 것이다. 축구 또한 예외가 아니었다.

어느덧 시대는 미국이 유일 강대국으로 행세하는 시대가 되었고, 모든 문화는 미국을 통해 재탄생하고, 미국에서의 성공을 통해 전 세계 표준이 되곤 하는 게 지극히 당연해 보이는 세상이 된 것이다. 그러나 유독 '축구'만은 '해가 지지 않는 나라 영국'의 영광을 유지하고 있다. 미국인들이 즐기는 '미식축구', '야구', '농구', '아이스하키' 등 그 어떤 스포츠도 철옹성 같은 영국 축구의 벽을 넘지 못하고 있다. 나는 '프리미어리그'의 위대함이 바로 여기에 있다고 생각한다. 한마디로 세계 유일 초강대국 미국의 군사력보다 영국의 축구가 강하다는 것이다. 내가 축구 전문가도 아니고, 사회학자도 아니기에 더 이상 평가하기엔 무리가 있지만 2022년에도 어김없이 개최된 전 세계 최고의 스포츠 제전인 '월드컵'을 볼 때마다 대영제국의 그림자를 보게 되는 건 나만의 느낌일까?

영국 프로축구리그인 '잉글리시 프리미어리그'는 1992년 출범한 세계 최고의 프로축구리그다. 1992년 이전엔 영국 축구협회가 주관 하는 축구리그였으나, 91년 시즌이 끝난 후 1부 리그 클럽들이 더 많은 수익과 리그 확장을 위해 창립 회원 협정(The Founder Members Agreement)을 체결하였고, 그 협정에 따라 FA 프리미어리그를 조직하기 위한 기본 원칙이 수립되었다. 새롭게 만들어진 프리미어리그는 고유의 판권을 가지고 독자적인 중계권과 후원사 협상을 통해 잉글랜드 축구협회와 수익 면에서 독립적이다.

1992년에 1부 리그 클럽은 104년간 지속되던 협회의 축구리그를 떠났고, 1992년 5월 27일에 영국 축구협회의 본부가 있던 랭커스터 게이트에서 유한회사 형태로 'FA 프리미어리그(2007년에 프리미어리그로 명칭 변경)'가 설립된다. 1992년부터 현재까지 총 49팀이 프리미어리그 무대를 밟았고, 이 중 맨체스터 유나이티드, 블랙번 로버스, 아스널, 첼시, 맨체스터 시티, 레스터 시티, 리버풀 이상 일곱 팀만이 우승컵을 들어 올렸다. 유럽축구연맹(UEFA)에서 최근 5시즌 간의 유럽 대항전 성적을 기반으로 매기는 랭킹에서 영국 프리미어리그는 106.641점으로 1위, 스페인 라리가 96.141점 2위, 이탈리아 세리에 A 76.902점 3위, 독일 분데스리가 75.213점 4위, 프랑스 리그 1이 60.081점으로 5위에 랭크돼 있다.

프리미어리그는 2부 리그인 EFL 챔피언십과의 승강제가 이루어지고 있다. 매 시즌은 8월부터 5월까지 진행되며 홈 & 어웨이 방식으로 20개 클럽이 각 38경기씩 치르며 1~4위 팀은 UEFA 챔피언스리그 본선에 직행하고 5위 팀과 FA컵 우승팀은 UEFA 유로파리그에 출전하고, EFL컵 우승팀은 UEFA 유로파콘퍼런스리그에 진출하게 된다. 만약 FA컵, 리그컵 우승팀이 다음 시즌 챔피언스리그 진출권을 따내면, 유로파리그 진출권은 차순위 팀에게 넘어간다. 하위 3개 팀은 다음 시즌부터 2부 리그인 EFL 챔피언십으로 강등되고, 반대로 EFL 챔피언십에서 1위 팀과 2위 팀 그리고 3~6위 간의 승격 플레이오프 승리 팀이 다음 시즌부터 프리미어리그로 승격하게 된다.

현재까지 프리미어리그에 소속됐던 한국인 선수는 박지성(맨체스터 유나이티드, 퀸즈파크 레인저스), 이영표(토트넘), 설기현(레딩, 풀럼), 이동국(미들스브러), 김두현(웨스트 브롬위치), 조원희(위건), 이청용(볼턴, 크리스탈 팰리스), 지동원(선더랜드), 박주영(아스널), 기성용(스완지시티, 선더랜드, 뉴캐슬), 윤석영(퀸즈파크 레인저스), 김보경(카디프시티), 손흥민(토트넘, 21~22 시즌 득점왕), 황희찬(울버햄튼), 정상민(울버햄튼-스위스 그라스호퍼 클럽 취리히로 임대), 황의조(노팅험 포레스트-그리스리그 올림피아코스로 임대) 등이 있다.

런던을 연고지로 하는 팀

영국 프리미어리그는 월드컵 등 국제대회 변수가 없는 한 매년 8월에서 다음 해 5월까지 각 팀당 총 38경기를 치른다. 20개 팀으로 시즌을 치르는 프리미어리그(1부 리그)에는 2022~2023년 기준으로 런던 연고 팀 6개가 포함되어 있다.

토트넘 훗스퍼(Tottenham Hotspur Stadium)
위치 : 782 High Rd, London N17 0BX
경기 스케줄 및 티켓 예매 : https://www.tottenhamhotspur.com

첼시(Stamford Bridge)

위치 : Fulham Rd. London SW6 1HS

경기 스케줄 및 티켓 예매 : https://www.chelseafc.com

아스날(Emirates Stadium)

위치 : Hornsey Rd, London N7 7AJ

경기 스케줄 및 티켓 예매 : https://www.arsenal.com

웨스트햄 유나이티드(London Stadium)

위치 : London E20 2ST

경기 스케줄 및 티켓 예매 : https://www.whufc.com

브렌트포드(Gtech Community Stadium)

위치 : Lionel Rd S, Brentford TW8 0RU

경기 스케줄 및 티켓 예매 : https://www.brentfordfc.com

크리스탈 팰리스(Selhurst Park)

위치 : Holmesdale Rd, London SE25 6PU

경기 스케줄 및 티켓 예매 : https://www.cpfc.co.uk

아스날 홈구장 '에미레이트스타디움'

첼시 홈구장 '스탠포드 브릿지'

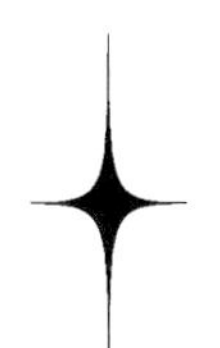

런던 출발–뉴욕 경유 –런던 도착, 뮤지컬

여러 전문가는 뮤지컬의 기원을 세 가지 정도로 본다. 첫째는 노래와 연극을 중심으로 팬터마임이나 만담 등을 다양하게 보여주는 버라이어티쇼 '보드빌(Vaudeville)', 둘째로 작은 오페라 또는 가벼운 오페라라는 뜻을 가진 장르인 '오페라타(Operetta)', 그리고 세 번째로 '영국의 발라드(Ballad)'다.

바로크 시대 헨델의 오페라를 망하게 한 요인 중 하나로 평가 받는 영국의 발라드 〈거지오페라 1782〉는 존 게이의 대본에 당시 유행하던 대중음악과 민요들을 담아낸 공연이었다. 이 작품은 심각한 오페라에 질려 있던 관객들의 답답함을

풀어줬으며, 1928년 〈서푼짜리 오페라〉로 개작하여 대성공을 거두기도 한다. 1940~50대는 뮤지컬의 황금기로 불린다. 이 시기에 이르러 문학작품이 원작인 뮤지컬들이 나오기 시작하고, 연극이나 희곡을 토대로 만들어진 탄탄한 구성으로 예술적 입지를 확실히 다지게 된다.

이 시기 대표적인 뮤지컬은 1951년 공연된 〈왕과 나〉. 이 뮤지컬은 1956년 율 브리너와 데보라 카 주연의 영화로도 제작된다. 1957년엔 뮤지컬 황금기의 정점을 찍게 되는 〈웨스트사이드 스토리〉가 탄생한다. 셰익스피어의 〈로미오와 줄리엣〉을 현대적으로 재해석한 작품이며, 전설적인 작곡가이자 지휘자인 레너드 번스타인이 작곡하고, 연출과 안무는 〈왕과 나〉의 안무를 맡았던 제롬 로진슨이 담당했다. 레너드 번스타인은 이 작품을 성공시킨 후 뉴욕 필하모니 상임지휘자가 되었다.

1971년 영국인 천재 뮤지컬 작곡가 앤드류 로이드 웨버의 〈지저스 크라이스트 수퍼스타〉는 기성세대에 저항하고, 평화와 자유를 갈구하는 록 오페라 스타일의 뮤지컬이다. 공연 전에 음반을 발표하여 대중의 관심을 불러일으킨 이 작품은 공연 자체도 센세이션이었고, 예수를 팔아넘긴 유다의 시각을 스토리로 구성하였기에 사회적으로 뜨거운 관심을 불러일으키기에 충분했다. 1971년 뉴욕 브로드웨이에서 초연되었으며, 1972년 런던 웨스트엔드에서 8년간 3,000회 넘게 공연되었다. 〈에비타〉, 〈캣츠〉, 〈오페라의 유령〉 등이 앤드류 로이드 웨버의 대표적인 작품들이다.

1980년대는 뉴욕 브로드웨이가 중심이 되던 뮤지컬의 판도가 런던 웨스트엔드로 옮겨진 시기이다. 이러한 판도의 변화는 제작자 카메론 매킨토시와 작곡가 앤드류 로이드 웨버 두 사람에 의해 만들어진다. 이제 주요 뮤지컬 공연은 런던 웨스트엔드에서 초연하게 되며, 거꾸로 뉴욕 브로드웨이로 들어가는 시대로 바뀌었다. 이 시기에 소위 세계 4대 뮤지컬이라고 하는 대형뮤지컬 〈레미제라블〉, 〈캣츠〉, 〈오페라의 유령〉, 〈미스 사이공〉이 등장하게 된다. 두 사람의 천재가 만든 가장 큰 변화는 뮤지컬이 뉴욕 문화의 상징에서 세계인이 공유하는 예술로 발전했다는 것이다.[11]

웨스트엔드의 추천 뮤지컬

예매사이트 : https://www.londontheatredirect.com/musical

(모든 공연은 일요일엔 쉰다)

〈맘마미아(MAMMA MIA!)〉

극장 : Novello Theatre

공연기간 : Booking until 30 September 2023

가격 : £18~

〈오페라의 유령(Phantom of the Opera)〉

극장 : Her Majesty's Theatre

공연기간 : 27 July 2021~4 March 2023

가격 : £27~

〈레미제라블(Les Miserables)〉

극장 : Sondheim Theatre

공연기간 : 26 September 2021~5 March 2023

가격 : £24~

〈라이온킹(The Lion King)〉

극장 : Lyceum Theatre

공연기간 : 10 August 2021~17 June 2023

가격 : £30~

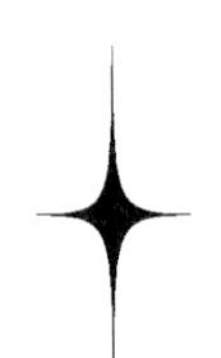

근대의 빛, 파리

① 프랑스는 8,900만 명(2019년 기준) 이상의 관광객이 방문하는 자타공인 세계 최고의 관광 국가다.(그 중 1,700만 명이 파리를 방문)

② 프랑스 행정구역은 크게 레지옹(광역)으로 불리는 13권역으로 나뉘어 있으며, 수도 파리(20개 구)는 일드프랑스의 중심도시이다.

③ 파리 인구는 2,165,423명(2019년 기준)이며, 광역권으로 확대하면 13,024,518명이다.

16세기는 술레이만 대제가 통치하던 튀르키예가 세계의 중심이었다. 아직까지 중세의 어둠이 다 가시지 않은 유럽은

16세기 튀르키예를 통해 근대의 지적 뿌리가 되는 수학, 천문학, 지리학, 의학, 요리 등 새로운 문명을 학습하게 된다. 15세기 말부터 16세기의 포르투칼, 스페인 중심의 대항해 시대, 17세기에 이르러 전개된 영국, 프랑스, 네덜란드 등의 식민지 점령은 모두 튀르키예가 전해준 이슬람 과학 기술 덕분이었고 해도 과언이 아니다. 결국 유럽은 오늘날 우리가 누리고 있는 찬란한 근대의 물적, 정신적 토대를 16세기 튀르키예를 통해 마련했다고 봐도 무방할 것이다.

근대의 여명이 밝아오던 17세기 튀르키예는 근대 시민을 위해 또 하나의 선물을 전해준다. 그것은 바로 이슬람 신비주의 수도사들이 수행을 위해 즐기던 '커피'였다. 요즘 한국 도시 풍경을 좌지우지하는 수많은 카페에 앉아 있는 시민들은 17세기 튀르키예에게 감사의 마음을 품는게 도리가 아닐까? 1652년 런던 커피하우스에서 시작된 커피를 기반한 카페의 역사는 이후 암스테르담, 파리, 빈, 프라하, 함부르크 등으로 전파되어 절대왕정의 그늘에 감춰져 있던 시민들을 밝은 거리로 안내했다. 이제까지 사람들이 모여서 대화하고 일상을 소통할 수 있는 공간은 화려한 무도회장, 극장, 대저택의 고급진 마당, 귀족들의 전유물이던 공원 뿐 이었다. 이는 일부

귀족들만의 특권이었을 뿐 대다수의 일반인들은 그저 어두운 촛불 아래서 가족들과 나누는 대화가 전부였다. 그러나 커피가 만들어낸 카페는 계급과 직업을 초월한 평등을 보여주는 상징적 공간이었다. 문학인들은 카페에 모인 평범한 시민들의 삶속에서 소재를 발견하고, 평범한 시민들은 카페에 모인 지식인들을 통해 지식과 지혜를 전수 받을 수 있었다. 당신 80%에 육박했던 유럽의 문맹율을 고려할 때 카페에서 오고 간 수많은 사람의 대화와 수다는 말 그대로 산교육이었다고 할 수 있다. 이 '카페의 대화'들이 모여져 18세기 근대 혁명이 시작되고 완성될 수 있었던 것이다.

이러한 의미에서 파리는 근대의 여명을 그대로 간직한 도시라고 할 수 있다. 비록 카페의 시작은 런던의 커피하우스였지만, 이는 18세기에 접어 들며 홍차와 클럽문화로 대체된다. 하지만 프랑스는 나폴레옹의 커피사랑에 힘입어 커피를 산업의 중추로 성장시키기에 이른다. 앞서도 언급했지만 카페는 신분과 직업의 귀천과 상관없이 자리잡고 앉아 대화할 수 있는 공간이었다. 근대정신의 효시라고 불리는 장자크 루소 또한 카페를 통해 만남과 토론을 즐기던 인물이었다. 당시 프랑스 왕정은 루소의 사상을 불온하게 여겨 루소의 카페 출입을 제한하는 조치를 취하기까지 했다고 한다. 프랑스혁명의 기운이 무르 익어가던 18세기 후반에는 일반인들의 카페 출입도 제한했다고 하니 당시 카페가 시민 사회 구축에 얼마나 큰 역할을 했는지 짐작할 수 있는 역설이라고 할 수 있다.

근대의 불빛이 되어준 근대 전후 카페 모습을 고스란히 간직한 샹젤리제 거리의 카페들은 다른 어느 도시의 카페보다 찬란하고 아름다운 근대의 빛을 보존하고 있는 공간이라고 말하고 싶다. 아직도 근대에 도달하지 못하고 있는 수많은 인류의 자유와 평등을 위해 오늘도 파리의 카페들은 변함없는 빛을 발산하고 있다.

세계 최고의 음식 도시, 파리

각종 세계 음식이 즐비한 파리엔 미슐랭 레스토랑도 즐비하다. 단, 무서운 가격 때문에 결국 레스토랑 입장을 포기하고 만다. 미슐랭 가이드에선 부담스러운 가격 때문에 고민하는 여행자들을 위해 미슐랭 레스토랑의 저렴한 점심 메뉴를 친절하게 안내해주고 있다.

https://guide.michelin.com

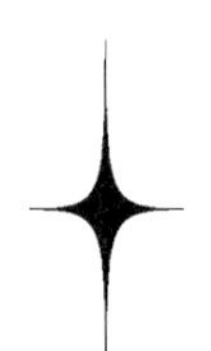

죽음의 자리를
예술과 역사의 공간으로

삶과 죽음을 대하는 전통은 문화와 종교에 따라 많은 차이를 가지고 있다. 조장(鳥葬) 전통을 가지고 있는 중앙아시아 고원지대 유목민의 전통, 노천에서 화장하여 신성한 갠지스 강에 뿌리는 인도의 전통, 매장하여 봉분을 쌓는 한국의 전통, 화장하여 신사에서 신으로 부활시키는 일본의 전통, 지역 교회(성당) 지하나 마당에 매장하거나 납골하는 서구 기독교회 전통 등 수많은 형식의 장례문화가 있다. 형식의 차이는 있으나 일반적으로 인생 마지막 통과의례를 두고 아름다움을 이야기하진 않는다. 그러나 파리는 슬픔과 아쉬움으로 뒤덮인 인간의 마지막 장소를 아름답게 보여주는 신비한 도시다.

보통 파리하면 에펠탑, 개선문, 노트르담 사원, 루브르 박물관, 오르세 미술관, 샹젤리제 거리 등 세계적인 건축물들과 세계 최고의 박물관과 미술관을 상상할 것이다. 그러나 파리를 파리답게 한 인물들이 누워 있는 파리의 공동묘지에 먼저 가보길 추천하고 싶다. 파리엔 세계적인 공동묘지 세 곳이 있다. 페르 라셰즈, 몽파르나스, 몽마르뜨르 공동묘지가 그곳이다.

첫 번째로 페리 라셰즈 묘지는 프랑스의 역사와 예술을 빛낸 인물들을 위한 세계에서 가장 호화로운 묘지이며, 파리 최대 최초의 정원식 공동묘지다. 1804년에 문을 연 페리 라셰즈 공동묘지엔 작곡가 쇼팽, 극작가 몰리에르, 배우 이브 몽탕, 화가 피사로, 모딜리아니, 가수 에디트 피아프, 무용가 이사도라 던컨 그리고 가장 많은 사람이 방문하고 있는 극작가 오스카 와일드의 묘지도 이곳에 있다. 또한, 60년대 록스타 짐 모리슨도 이곳에 잠들어 있다.

두 번째 몽파르나스 묘지는 1824년에 만들어졌다. 페리 라셰즈 공동묘지의 명성에 밀려 상대적으로 지명도가 낮지만, 이곳에서 잠든 인물들의 면면은 결코 페리 라셰즈에 밀리지

쇼팽의 묘지

장 폴 사르트르와 시몬 드 보부아르의 묘

않는다. 이곳엔 시인 보들레르, 작가 기 드 모파상, 극작가 사뮈엘 베케트, 조각가 브란쿠시, 사진작가 만레이, 시트로엥 자동차의 시트로엥 가문의 묘, 반유대 군국주의의 피해자 드레퓌스 대위, 세계 지성의 상징 장 폴 사르트르와 그의 연인이자 작가 시몬 드 보부아르, 가수 세르주 갱스부르, 자유의 여신상을 조각한 바르똘디, 엄지손가락으로 유명한 조각가 세사르, 자크 시라크 대통령 등 세계적인 인물들이 이곳에 잠들어 있다.

세 번째는 1798년 만들어진 몽마르트르 묘지다. 이곳엔 드레퓌스 사건을 사회 전면에 등장시킨 사설 '나는 고발한다'의 저자 에밀 졸라, 소설 《삼총사》, 《몽테크리스토 백작》의 알렉산드르 뒤마(2002년 팡테옹으로 이장), 소설가 스탕달, 작곡가 오펜바흐와 베를리오즈, 인상주의 화가 에드가 드가 등 수많은 예술가, 작가, 음악가들이 잠들어 있다.(세 군데 공동묘지 안내소에 가면 주요 인물들의 묘소 위치가 자세히 표기된 지도를 무료로 받을 수 있다.)

세 군데 공동묘지에 잠들어 있는 수많은 인물 중 몇몇만 나열했을 뿐인데도 프랑스 근현대사가 자연스럽게 정리되는 것을 알 수 있다. 여기서 우리가 주목해야 할 몇 가지 것들이 있다. 그것은 바로 이들과 함께 잠든 수많은 시민이다. 세 군데 공동묘지들은 특별한 사람들만을 위한 공간이 아니고 일반인들도 함께 안장된 시민들의 묘지다. 또 하나는 공간의 평등이다. 망자의 사회적 지위나 재산과 관계없이 거의 비슷한 면적으로 묘소를 만들었다는 것이다. 이를 통해 프랑스혁명의 자유, 평등, 박애 정신이 공동묘지에 그대로 녹아들어 있음을 볼 수 있다. 끝으로 파리라는 도시의 아름다움을 즐기기에 앞서 예술이 꽃피고, 자유가 만개한 오늘의 파리를 인류에게 선물하고 떠나간 파리 시민과 예술인, 작가, 음악가, 정치인 등 양심을 걸고 인권과 자유를 위해 살다 세 군데 묘지에 잠든 모든 이들에게 감사하는 마음을 가지는 것이 도리가 아닐까 한다.

장 자크 루소와 개인의 탄생

1762년 프랑스 철학자 장 자크 루소에 의해 쓰인 '사회계약론'은 유럽과 아메리카 대륙을 격변의 시대로 인도했고, 현대사회를 구성하는 모든 제도의 토대로 된다. '인간은 자유롭게 태어나지만 어디서나 속박되어 있다'라고 일갈한 루소의 계몽철학은 이후 30년 동안 절대왕정의 식민통치와 철권통치에 맞서는 정치적 자유 의식과 시민의 권리로 열매를 맺게 된다. 1776년 미국의 독립선언과 이의 영향으로 촉발된 1789년 프랑스혁명은 이전까지 존재하지 않았던 '개인'이라는 새로운 존재를 탄생시켰다. 이는 근대의 시작이었다. 또한 프랑스혁명은 스페인 식민통치에 신음하던 라틴아메리카 해방운동의 도화선이 되기도 한다.

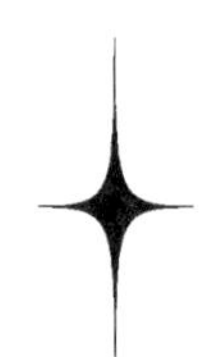

최초의 근대시민들이 살다간 도시

세 군데 무덤을 거슬러 프랑스 근현대사와 친해졌다면 파리의 어딘가에서 여행을 시작해야 할 것이다. 난 그 출발점을 콩코르드 광장으로 하고 싶다. 콩코르드 광장은 프랑스혁명 중이던 1793년에 루이 16세와 왕비 마리 앙투아네트를 비롯한 수천 명의 귀족이 단두대에서 처형된 장소다. 참혹한 역사가 묻어 있는 장소지만 구시대와의 참혹한 단절이 있었기에 주권재민과 만인 평등의 근대 사회가 열릴 수 있었다. 근대의 찬란한 유산이 넘치는 파리여행을 여기서 시작하지 않으면 어디서 시작하겠는가? 더불어 한 손에 샹젤리제 거리의 카페에서 산 카푸치노 커피가 들려 있다면

콩코르드 광장 바다의 분수

더욱 제격일 것이다.(파리 여행을 계획 중인 공무원이 콩코르드 광장을 출발점 삼아 근대 공화국의 의미를 되새김하며 파리여행을 시작한다면 더욱 뜻 깊을 것이다.)

콩코르드 광장

1755년 만들어진 콩코르드 광장은 루이 15세 기마상이 설치되어 있었고 이로 인해 루이 15세 광장으로 명명되었었다. 프랑스혁명 발발 이후 '혁명광장'으로 개칭되었다가 1795년 '콩코르드 광장'으로 통칭하다 1830년 콩코르드 광장은 정식 명칭이 되어 오늘에 이르고 있다. 콩코르드는 '화합' 의미를 담고 있는 단어로 프랑스혁명 이후 수십 년간 겪은 참혹한 시간을 극복하려는 상징적 장소였으면 하는 프랑스인들의 염원이 담겨 있다.

시작이 있으면 끝이 있는 것이 세상의 이치 아닌가. 난 파리여행의 끝은 프랑스 국립묘지인 팡테옹이면 어떨까 한다. 팡테옹 정면엔 다음과 같은 문구가 새겨져 있다.

"AUX GRANDS HOMMES LA PATRIE RECONNAISSANTE"

(조국이 위대한 사람들에게 감사의 마음을 전하다)

팡테옹은 런던의 웨스트민스터 사원처럼 성당으로 지어졌으나 프랑스혁명 이후 프랑스를 빛나게 한 위인들을 안장하는 국립묘지로 변모하였다. 국립묘지에 안장할 인물을 결정하는 권한은 프랑스 대통령이 가지고 있으며, 통상 임기 중 한 차례 권한을 행사한다고 한다. 국립묘지 기능으로 전환된 후 원칙적으로 프랑스혁명 이후에 사망한 인물만을 안장했으나 단 두 사람, 장 자크 루소와 볼테르는 예외였다. 이곳엔 퀴리 부부, 빅토르 위고, 에밀 졸라, 장 자크 루소, 볼테르, 알렉상드르 뒤마, 앙드레 말로, 장 모네(유럽연합 설립의 아버지) 등 70여 명의 위인이 안장돼 있다. 프랑스혁명 이후 프랑스라는 자신들의 조국뿐 아니라 인류의 인권과 민주화를 위해 헌신하며 살다간 팡테옹의 위인들이 있었기에 센 강과 몽마르트르 언덕의 아름다운 야경이 지켜질 수 있었으며, 루브르 박물관과 오르세 미술관을 가득 채운 인류의 유산들이 지켜질 수 있었다.

파리의 공동묘지와 함께 가볼만 한 곳으로 콩시에르주리가 있다. 콩시에르주리는 프랑스혁명 이후 기요틴에 목을 내

콩시에르주리

TGV(테제베) 프랑스 알스톰사에서 만든 유럽 최초의 고속철도

놓기 전 머무는 혁명재판소의 감옥으로 이용되던 곳이다. 프랑스 왕국의 마지막 왕비 마리 앙투아네트, 혁명의 지도자 로베스피에르, 혁명의 제단 앞에서 정치를 논하다 온건파로 숙청된 당통, 그리고 그들을 재판했던 혁명재판소의 판사들, 이들은 모두 이곳을 거쳐 혁명의 재단 위에서 산화했다. 그들의 죽음을 통해 탄생한 자유를 누리며 파리에 와 있는 '시민'은 마땅히 그들의 명복을 빌어야 한다.

파리여행 필수 준비물 'Paris Museum Pass'

파리 뮤지엄 패스는 파리와 그 주변 지역의 60개의 박물관과 미술관을 '횟수에 상관없이' 자유롭게 그리고 '빠르게' 이용할 수 있다.

- 2일권, 4일권, 6일권이 판매된다.
- 구매사이트 : https://parismuseumpass.co.kr

5 잊힌 형제국가

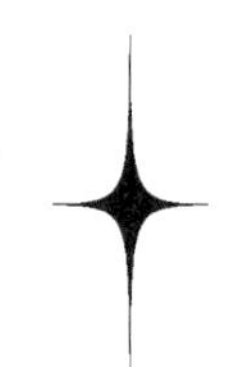

반쪽 세상, 반쪽 여행

제2차 세계대전이 끝난 직후 패전국 일본이 점령했던 동아시아 지역은 내전의 수렁에 빠져든다. 전체주의에 대항하던 무기들은 고스란히 동아시아 내전의 잔혹한 도구로 변신한다. 동아시아 지역을 점령하고 지배한 일본이 패전국이 되면서 물러간 곳에서 일본에 붙어먹은 자들과 일본에 저항하던 세력이 싸우는 건 어찌 보면 자연스러운 상황이었을지 모른다. 그러나 내전의 촉진제는 종전 이후 시작된 냉전(Cold War)이었다. 전체주의와 자유주의 세력의 전쟁터이던 동아시아가 이후 30여 년간 공산주의와 자본주의 전쟁터로 변해버린 것이다. 다시 말해 18세기 후반부터 시작된 유럽과 일본의 식민지배에서 벗어나려고 몸부림치던 동아시아는 그 기회를 다시 박탈당하고 새롭게 등장한 지구 지배자 미국과 소련, 양국 간 냉전 대결의 전장이 돼버린 것이었다.

1946년 7월, 일본 제국주의에 맞서 함께 싸우던 중국 공산당과 국민당이 중국의 패권을 두고 전투를 시작한다. 드디어 동아시아 내전의 서막이 열렸다. 종전 후 벌어진 내전의 참화가 더 비극인 것은 미국과 소련의 이해관계를 두고 벌이는 동족 간의 대리전이었기 때문이다. 3년에 걸쳐 이어진 중국 내전은 모택동이 이끄는 중국 공산당의 승리로 끝나게 되고, 중국과 일본을 동북아시아 자본주의 벨트로 구상하던 미국의 전략은 산산조각이 난다. 당시 일본을 점령하고 있던 미국은 영락없이 섬에 갇혀버린 꼴이 됐다. 이런 상황에서 공산화된 중국과 미국이 점령한 일본 사이에 위치한 한반도는 우리 민족의 의지와 상관없이 냉전의 양 진영이 호시탐탐 노리는 화약고가 돼버렸다.

1945년 종전 이후 한반도의 상황도 중국과 다를 바 없었다. 북쪽엔 소련이 남쪽엔 미국이 진입하였으며, 특히 남쪽은 이념 갈등과 과거 청산문제가 첨예하여 내전 상태와 다를 바 없었다. 여순사건과 제주 4.3항쟁이 벌어지고 크다고 이름

베를린 브란덴부르크문

거제도 제64 포로수용소 정문앞에서 거제도를 출발하기 위해 대기 중인 민간인 부역자들 1952.4.22. (출처: 전쟁기념관 오픈 아카이브)

난 산중엔 게릴라전이 끊이지 않았다. 이런 혼란 끝에 1950년 6월, 냉전 시대 최초의 국제 전쟁이며, 한국 역사 최악의 동족상잔의 비극이 초래되고 만다. 오늘을 사는 우리는 모두 이 전쟁이 만든 상흔과 대외환경 속에 살아가고 있다. 더군다나 21세기에 들어서서도 아직 전쟁은 정전 상태일 뿐 끝나지도 않은 상태다. 총성 없는 전쟁이 70년 넘게 계속되고 있다. 1953년 휴전 때까지 100만 명이 넘는 민간인 사상자, 260만 명의 난민, 한국군과 유엔군의 사상자가 77만 명에 이른다. 인명피해뿐 아니라 국토의 90% 이상이 초토화되었다. 그야말로 인류사에 남을 참화가 한반도 전역에서 벌어졌다.

끝나지 않은 이 전쟁은 냉전 시대 이념의 경계를 표시하는 철책이 된다. 휴전 이후 전 세계는 미국을 중심으로 한 서구권과 소련을 중심으로 한 동유럽으로 대결 축을 형성하게 된다. 이제 누구든 지구에 태어나면 필연적으로 서구든 동구든 한쪽에 속하게 된다. 결국 지구인이지만 지구 전체가 아닌 지구 절반만 지구로 인식하고, 절반만 방문할 수 있는 반쪽 지구인으로 살아가게 된다. 반으로 잘린 지구는 모든 것을 반으로 나누게 된다. 사상, 경제, 정치, 문화, 심지어 패션에 이르기까지 냉전 시대는 온통 반쪽짜리가 지배하는 세상이었다. 90

년대 초 동구 사회주의가 붕괴하기 전까지 체코의 프라하, 헝가리 부다페스트는 아름다운 건축과 음악이 넘치는 아름다운 도시가 아니라 머리에 뿔 달린 붉은 괴물이 사는 지옥 같은 곳으로 인식되었으니, 반쪽짜리 세상은 어처구니없는 무지의 세상이었다.

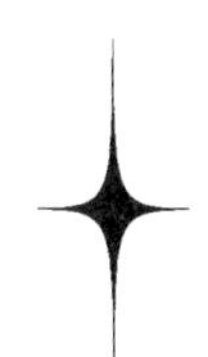

반공시대의 여행, 그 반쪽이나마

당연지사 세상이 두 쪽 난 가운데 '여행'인들 무사했으랴. 한마디로 냉전 시대 여행은 '반쪽여행'이다. 동서갈등과 체제 경쟁의 자양분은 상대를 끊임없이 저주하고 왜곡하는 데서 생성되었다. 수천 년간 함께하던 지역과 지역, 사람과 사람, 자연과 자연은 이념으로 반 토막 나게 되고, 사람이 갈 수 있는 곳과 갈 수 없는 곳이 이념의 철책으로 정교하게 나뉘었다. 더군다나 냉전의 최전선에 있는 대한민국은 더 말할 필요가 없었다. 헌법엔 자유와 민주를 표명했지만, 민주화는 유보되고 반공주의가 의식과 무의식을 지배해버렸다.

반쪽세상의 상징

모든 것을 판단하고 결정하는 무소불위의 판단 기준은 오로지 '반공'이었다. 외화벌이가 해외여행을 가로막던 표면적 이유였다면 반공은 근본적으로 해외와의 소통을 차단하는 거대한 장벽이었다. 그 와중에 유일한 해외 진출 창구는 무역을 위한 '출장'과 '유학'이었다. 이 두 개의 교류 창구마저 닫혀 있었다면 오늘날 대한민국의 선진국 진입은 불가능했다.(출장과 유학을 이용해 간첩 사건 조작 등 반민주적 공작도 있었던 게 사실이지만 제한적이나마 해외 교류가 계속 유지된 건 민주화에 긍정적인 요인이었다.)

반쪽짜리 세상, 반쪽짜리 여행이었지만 그 반쪽이나마 누릴 수 있었던 것은 뭐라 해도 한국전쟁에서 자유 진영 대한민국이 패하지 않고, 반쪽이라도 유지했기 때문이다. 역사에 가정은 없지만, 한국전쟁이 만약 북한의 승리로 끝났다고 가정하면 반쪽짜리 여행이나마 누릴 수 없었을 것이다. 얼마나 다행인지 모르겠다. 민족적 차원에서 보면 반쪽에서만 누리고 있는 민주화와 인권이지만 이나마 누릴 수 있는 건 한국전쟁 당시 유엔군으로 참전해 한국인의 자유와 인권을 위해 함께 싸워준 수많은 참전 국가들의 용기와 헌신에서 기인한다는 걸 꼭 기억해야 한다.

[표1] UN군 전투부대 참전 현황

국명	참전 연인원(명)	국명	참전 연인원(명)
미국	1,789,000	튀르키예(터키)	21,212
영국	56,000	태국	6,326
오스트레일리아	17,164	남아프리카공화국	826
네덜란드	5,322	그리스	4,992
캐나다	26,791	벨기에	3,498
뉴질랜드	3,794	룩셈부르크	100
프랑스	3,421	에티오피아	3,518
필리핀	7,420	콜롬비아	5,100

*출처 : 국방부 군사편찬연구소, 〈통계로 본 6·25전쟁〉, 2014, p.282

[표2] UN군 의료지원 현황

국명	참전 연인원(명)	참전 규모	
		근무 인원(명)	지원부대 및 시설
스웨덴	1,124	170	적십자병원
인도	627	333	제60 야전병원
덴마크	630	100	병원선
노르웨이	623	109	이동외과병원
이탈리아	128	72	제68 적십자병원
독일	117	-	적십자병원

*출처 : 국방부 군사편찬연구소, 〈통계로 본 6·25전쟁〉, 2014, p.283; 국방부 군사편찬연구소,〈6·25전쟁과 유엔군〉,2015, p.366~367;국방부, 〈2018 국방백서〉, 2018, p.236~239

전투병력을 파병한 나라 16개국, 의료부대를 파병한 나라 5개국, 총 21개국이 지금 우리가 누리고 있는 자유를 지키기 위해 태평양과 인도양을 가로질러 달려왔었다. 이 중 전사자 37,902명, 부상자 103,460명, 실종자 3,950명, 포로 5,817명, 총151,129명이 동방의 작은 나라 한국인의 자유와 인권을 지키기 위해 희생되었다. 여행지를 정할 때 한 번쯤 참전국 리스트를 참고해 보면 어떨까? 최소한 법률에 의해 집행되는 공무국외연수는 '한국 전쟁참전국'을 최우선적으로 고려해보는 것도 좋은 방법이라고 생각한다.

론리플래닛이 선정한 2022년 세계 최고의 여행지 BEST 10 [12]

1. 뉴질랜드 오클랜드
2. 대만 타이페이
3. 독일 프라이부르크
4. 미국 아틀란타
5. 나이지리아 라고스
6. 키프로스 니코시아
7. 아일랜드 더블린
8. 멕시코 메리다
9. 이탈리아 피렌체
10. 대한민국 경주

(론리플래닛에서 매년 초에 출판하는 'BEST IN TRAVEL 2022' 중)

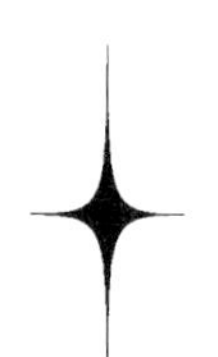

'이슬람포비아'가 만든 또 다른 반쪽 세상

왜 서구는 이슬람을 미워하고 억누르고 공격적으로 대할까? 왜 이슬람은 힘 센 서구와 협력하고 공존하면 되는데 싸우려고만 할까? 1,000년 넘게 이어져 온 서구와 이슬람의 갈등은 어디서 기인하는가? 끊임없이 이어지는 이슬람과 서구의 분쟁을 보며 당연히 가지게 되는 질문이다.

메카에서 시작된 이슬람 세력이 640년경 북아프리카에 상륙하게 된다. 이집트, 리비아, 튀니지, 알제리 그리고, 북아프리카의 끝자락인 모로코까지 50여 년 만에 이슬람화시킨다. 북아프리카 전역을 이슬람화시킨 후 더 갈 곳이 없어진 이슬람 세력은 아주 좁은 지브롤티 해협 북쪽에 있는 스페인에 진

뉴욕 그라운드 제로(9.11 테러 현장)

출하게 된다. 남쪽은 사하라사막, 서쪽은 대서양이 막고 있어 711년에 결국 진출 가능한 지브롤티 해협을 건너 이베리아 반도에 진입하게 된다. 스페인에 진입한 이슬람 세력은 20년이 지난 732년에 유럽의 심장 파리에 다다르게 된다.

파리가 무너지면 유럽 전체의 이슬람화는 시간문제였다. 이러한 절체절명의 상황에서 당시 프랑크왕국의 황제였던 카를 마르텔 황제는 유럽 연합군을 결성하여 거침없이 북상하는 이슬람 군대와 결사 항전하게 된다. 카를 마르텔이 이끈 유럽연합군은 732년 파리 근교의 투르 푸에티에 전쟁에서 이슬람군을 극적으로 막아냈고, 이슬람군은 더 이상 북상할 수 없는 지경에 처하게 된다.

유럽의 승리에도 불구하고 이베리아 반도(스페인과 포르투갈)는 이후 800년간 이슬람의 지배를 받게 된다. 1492년 이사벨라 여왕이 스페인을 되찾을 때까지 계속된 이슬람의 이베리아 반도 지배는 이슬람의 마지막 궁정 알람브라 궁전이 점령되면서 막을 내리게 된다. 이뿐 아니라 남프랑스의 마르세유, 엑상프로방스, 니스, 이탈리아의 나폴리, 시칠리아 등은 200~300여 년간 이슬람의 지배를 받게 된다. 711년 지브롤티 해협의 건넌 이슬람 세력은 800여 년간 지중해 패권을 장악했다. 1453년엔 유럽의 동쪽에 있던 비잔틴제국의 수도 콘스탄티노플이 오스만 제국에 의해 점령당하고 비잔틴제국이 멸망하게 된다. 중세와 근세를 가르는 사건들이 지중해의 동쪽 끝에서 벌어지고 있었다. 비잔틴제국을 멸망시킨 오스만 제국은 북상하여 그리스, 불가리아, 알바니아, 세르비아, 보스니아, 몬테니그로, 헝가리 일부까지 모두 이슬람화시킨다. 이 지역은 이후 400년 이상 이슬람의 지배를 받게 된다.

17세기 말에 오스트리아 비엔나까지 이슬람군이 진격했으니 종합해 보면 약 1,000년간 남유럽과 동유럽 전역은 이슬

스페인 안달루시아, 알람브라궁전

람의 지배에 들어가게 된 것이다. 이 천년의 시간은 유럽에겐 공포와 굴욕의 시간이었고, 이슬람에겐 승리와 환호의 시간이었다. 그럼에도 동쪽의 비엔나를 지켜낸 유럽은 이후 백 년 동안 절치부심하며 지난 천년 간 이슬람에게 당한 굴욕을 되갚을 기회를 호시탐탐 노리게 된다.

드디어 1798년, 보나파르트 나폴레옹이 이집트를 침공하면서 상황은 완전히 뒤바뀌었다. 이제 서구가 이슬람 세계를 지배하는 시대가 열리기 시작한 것이다. 이슬람을 향한 유럽의 전진은 북아프리카에서 멈추지 않았다. 세계 최대 이슬람 국가인 인도네시아는 이미 1602년부터 네덜란드가 지배하고 있었고, 이슬람 왕국인 인도 무굴제국이나 말레이시아 등도 이집트 침공 무렵 영국의 식민지가 되었다. 이로써 2차 세계대전이 끝나는 20세기 중반까지 200여 년 동안 모든 이슬람 세계가 단 한 지역의 예외도 없이 서구의 지배를 받게 되었다. 자신들이 야만으로 규정한 유럽을 선도하며 선생 노릇 하던 이슬람이 야만의 유럽에게 지배당하는 현실을 받아들이기는 힘들었을 것이다. 이슬람은 지난 1,000년간의 역사적 '갑질'에 대한 혹독한 대가를 치렀다. 그나마 이슬람 세계의 상징적 구심체였던 오스만 제국마저 1차 세계대전 당시 패전국이 되면서 이슬람 세계는 산산조각이 났다.

지난 역사를 보건대, 1,400년 전에 이슬람화된 아랍과 북아프리카 지역은 단 한 번의 변화 없이 이슬람 지역으로 남아 있다는 사실이다. 이와 같은 역사를 볼 때 당시 파리가 이슬람 세력에 점령당했다면 유럽은 지금 이슬람 문화 지역으로 남아 있었을 것이다. 이것이 현재 서구인들이 가지고 있는 '이슬람포비아'의 뿌리가 아닌가 싶다.

자크루이 다비드 作, 나폴레옹 1세의 대관식, 1807.

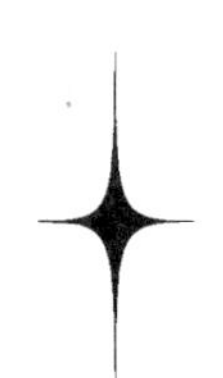

대장금을 사랑한 19억 이슬람

여기서 우리는 또 하나의 질문 앞에 서게 된다. 우리에게 이슬람은 무엇인가? 한국전쟁 이후 서구에 편입된 대한민국은 세계를 보는 관점을 서구세계에 의탁할 수밖에 없었다. 이러다 보니 이슬람을 향한 관점도 천년의 공포가 내재해 있는 서구의 편견에 동조 현상을 보이고 있다.

인구 19억 명의 문화권이며, 유엔 공식 가입국이 57개국인 아랍. 이란에서 드라마 〈대장금〉이 시청률 90%를 기록하고, 아랍 어느 나라를 가든 BTS와 블랙핑크 열풍이 뜨겁고, 대한민국 에너지(석유, 천연가스) 의존율 1위인 곳, 고르고 골라 결국 한국 제품을 구매하고 마는 거대한 이슬람 문화권을 언제

이슬람 성지 메카의 카바사원에 모인 순례자들

까지 서구의 관점에 갇혀 편견과 오해로 바라볼 것인가? 19억 명의 소비자를 가진 세계 최대 시장을 버릴 생각인가? 지금이라도 통일신라 시대 이후 이어져 온 이슬람과의 친구 맺기에 적극적으로 나서야 한다. 오늘도 수많은 한국인이 강남 '테헤란로' 위를 달리고, 여의도 '앙카라공원'에서 산책하고 있다. 우리와 이슬람 역사에 교역은 있었지만, 전쟁은 없었다!

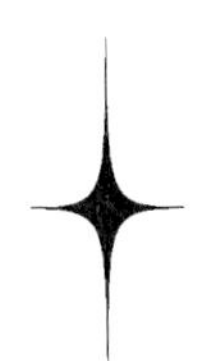

한국인을 세계 1등 국민으로 대접하는 형제국가

462명. 부산 유엔군묘지에 잠들어 있는 한국전쟁 참전 튀르키예 군인 수다. 튀르키예는 한국전쟁 당시 유엔군 소속으로 연인원 21,212명이 참전했으며, 이 중 966명이 전사했고, 1,155명이 부상 당하고, 244명이 포로로 잡혔다. 이들은 무슨 생각으로 아시아대륙의 반대편 끝에 있는 작은 나라를 위해 거침없이 달려왔을까? 그건 바로 한국이 피로 맺은 형제의 나라라고 배웠기 때문이다. 튀르키예 역사교과서에는 그들의 조상으로 6~7세기 몽골 일대에서 크게 번성했던 돌궐과 고구려의 관계, 돌궐제국이 당나라에 패망한 이후 오늘의 튀르키예에 이르기까지를 상세히 기술하고 있다.

한국전쟁에서 튀르키예군은 주로 중국군과 전투를 벌였으며 그때마다 승리했다. 이 전투 중에 4개 전투(북한 청천강 유역의 군우리 전투, 용인 지역의 금양장리 전투, 수도 서울 방어 전투, 38선 일대 철원지역 베가스 전투)는 한국전의 흐름을 바꿔놓은 중요한 전투였으며 전쟁을 승리로 이끄는 결정적인 역할을 했다고 한다.

특히 금양장리 전투는 중국군과 맞서 싸운 UN군이 최초로 승리한 전투였다. 이 전투에서 승리함으로써 당시 이승만 대통령과 미국 정부가 튀르키예 여단에 '최고 부대 훈장'을 수여한다. 당시 튀르키예 병사들 대부분은 자원하여 참전했다. 그들은 마치 조국을 위해 싸우듯이 용감하게 싸웠으며, 현재까지도 튀르키예 국민들은 한국전 참전용사들을 진정한 영웅으로 여기며 자랑스럽게 기념한다. 수도 앙카라에 있는 '한국공원'에 방문해 보면 튀르키예가 한국을 왜 형제국가로 인식하고 있는지 바로 알 수 있다. 2005년 튀르키예 방문 당시 만났던 한국전 참전용사들의 용기와 헌신에 다시 한번 존경과 감사의 마음을 글로나마 전해 본다.

튀르키예 독립영웅이며, 초대 대통령인
케말 아타튀르크 묘당 앞에 모인 튀르키예 시민들, 앙카라.

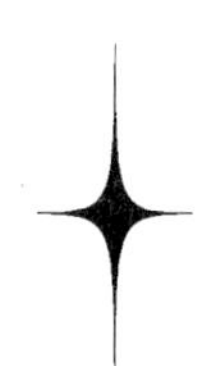

형제의 재회, 두 개의 사건

21세기를 전후에 일어난 비극과 환희는 천년 넘게 떨어져 있던 두 형제를 재회시킨다. 첫 번째 사건. 1999년 8월에 튀르키예 북서부 코자엘리주과 사카리아주에 진도 7.8이 넘는 대지진이 발생하여 1만8천 명이 죽고 20만 명의 이재민이 생기는 엄청난 재난이 발생했다. 이때 한국에서 민간인 중심으로 튀르키예를 돕자는 모금 운동을 벌였는데, 40일 동안 23억 원이 모금되었다. 당시 튀르키예 방송국 STV는 한국에서 펼쳐지는 모금 운동을 일주일 동안 다큐멘터리로 촬영한 뒤, 50분 동안 튀르키예 전역에 방송하였다. 이 방송을 본 튀르키예 국민은 크게 감동했다고 한다. 튀르키예 조상 돌궐이 당나라 군대에 쫓겨 서쪽으로 이동한 지 1400년 만에 형제가 재회한 것이다.

두 번째 사건, 2002년 월드컵 축구 3, 4위 결정전에서 대한민국과 튀르키예가 만나게 된다. 당시 전국은 꿈에도 보지 못한 월드컵 4강 진출 열기로 뜨거웠다. 아마도 1945년 8월 15일 분위기가 이랬을 것이다. 온 국민의 응원 열기로 가득했던 경기에서 대한민국 국민이 튀르키예와 대한민국을 함께 응원한 것이다. 경기가 열리기 전에 이미 “한국과 튀르키예는 형제의 나라다”라는 내용의 글이 인터넷 등 다양한 매체를 통해 전파되었다. 또한, 튀르키예 유학생들이 중심이 되어 튀르키예인들의 한국 사랑을 소개하면서 튀르키예에 대한 한국 국민의 관심이 증폭되어 튀르키예 팀을 열렬히 응원하게 되었다. 경기가 열린 열리던 대구 월드컵경기장 관중석 한가운데로 대형 튀르키예 국기가 펼쳐지는 순간, 튀르키예에서 TV로 경기를 지켜보던 수많은 튀르키예인이 감동의 눈물을 흘렸다고 한다.(이때 튀르키예 팀이 3:2로 이겨 최종 순위 3위가 됐다.)

6세기 전후 고구려의 형제였던 돌궐의 역사를 거슬러 올라가보자.

> 돌궐은 튀르키예와 전신인 오스만투르크를 세운 투르크족의 한자 음차 표기이다. 유목민이던 돌궐은 4~6세기 몽골과 중앙아시아를 제패했던 유연(柔然)의 지배를 받았다. 주변국을 위협할 만큼 세력을 키운 돌궐의 강력한 지도자 부민이 유연 공주와 혼인을 청했으나, 거절당하자 552년 유연을 무너트리고 자신을 카간(황제)이라 칭하며 돌궐제국을 세웠다.
>
> 몽골과 중앙아시아를 차지한 돌궐은 수나라를 위협하는 강력한 제국으로 성장했으나, 부민 카간이 죽자 몽골 일대를 지배하는 동돌궐과 중앙아시아부터 카자흐스탄까지를 차지한 서돌궐로 분열되었다. 결국, 동돌궐은 630년 당나라 명장 이정이 이끄는 군대에, 서돌궐은 657년 소정방의 군대에 각각 멸망했다. 8세기 들어 후돌궐을 세우기도 했으나 얼마 가지 못해 멸망했고, 이때부터 중앙아시아에서 중동을 거쳐 소아시아, 아나톨리아 반도에 이르는 길고 긴 민족의 이동이 시작되었다.
>
> -〈국가기록원 NEWSLETTER〉 78호 중에서

나라를 잃고 사방으로 흩어진 돌궐족(이하 투르크) 중 셀주크가 이끄는 부족이 11세기 중동과 지금의 튀르키예 일부인

소아시아에 세운 나라가 셀주크투르크다. 이후 이 나라는 십자군과 맞설 만큼 강성했지만, 칭기즈칸이 이끄는 몽골군에는 힘없이 무너졌다. 또다시 민족 대이동을 해야 했는데, 이때 나타난 걸출한 지도자가 오스만이다. 소아시아 내륙 깊숙한 곳에서 이 지도자가 1299년 세운 국가가 제1차 세계대전이 있기까지 북아프리카부터 중동 전역, 북유럽 헝가리 일부까지 3대륙에 걸쳐 있던 오스만투르크 대제국이다. 그리고 1922년 건국된 튀르키예 공화국의 전신이다.

2016년 7월 16일부터 10일간 튀르키예에서는 한-튀르키예 수교 60주년을 기념해 양국의 문화·고고학 연구자들이 참여하는 '아나톨리아 오디세이 프로젝트'를 가졌는데, 양국의 참석자들은 이 같은 튀르키예의 역사에 동의했으며, 우리나라 참석자들은 6세기 이후 투르크와 고구려의 관계를 밝힌 다양한 연구결과를 발표해 현지 언론의 비상한 관심을 받기도 했다.[13]

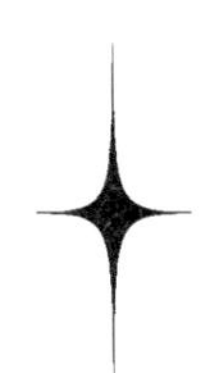

튀르키예와 케말 아타튀르크

'형제국가' 튀르키예는 흑해와 지중해를 연결하는 보스포루스 해협을 두고 아시아의 서쪽 끝과 유럽의 동쪽 끝에 위치해 있다. 인구는 약 8,400만 명에 대한민국보다 8배 큰 광활한 영토를 가진 나라다. 전성기인 오스만투르크 제국 시절엔 그리스, 불가리아, 헝가리, 알제리까지의 북아프리카 지중해 해안선, 아라비아반도까지 지배한 강력한 제국이었다. 거대했던 오스만 제국은 제1차 세계대전에 동맹국(독일 제국, 오스트리아-헝가리 제국, 불가리아 제국)에 참여했다 패전하여 전범국으로 전락, 제국은 몰락하고 1914년 대부분의 영토를 상실하게 된다.

1차 대전 후 오스만 제국에 뛰어든 나라는 오스만 제국에게 400년 동안 식민지로 핍박당한 그리스였다. 1919년 시작된 그리스의 침공으로 존망의 갈림길에 선 가운데 튀르키예의 영웅 케말 아타튀르크 장군이 1922년 앙카라에서 그리스군을 대파한다. 케말 장군은 도주하는 그리스군을 이스탄불에서 또다시 대파함으로써 그리스 영토 일부를 포함해 오스만 투르크가 시작된 아나톨리아 반도 대부분 지역을 회복했다. 그 영토가 로잔 조약으로 현재의 튀르키예 공화국의 영토로 고정된다.

케말 아타튀르크가 되찾은 튀르키예의 최대 도시는 이스탄불(동로마시대 콘스탄티노플)이다. 흑해와 지중해가 만나는 보스포루스 해협을 가운데 두고 도시의 반은 유럽이고, 또 다른 반은 아시아다. 유럽과 아시아가 공존하는 이스탄불은 1453년 이슬람 세력에 함락당한 후 기독교를 수호하던 중심 도시에서 당대 최대의 제국인 오스만 제국을 상징하는 국제 도시로 변모하게 된다. 중동과 북아프리카, 동유럽의 절반을 차지한 오스만 제국의 영광이 넘치는 도시가 되었다. 수많은 인종의 도가니였으며, 튀르키예어, 그리스어, 러시아어, 아랍어, 독일어, 영어, 불가리아어, 알바니아어를 사용하는 이들

아시아와 유럽을 가르는 보스포루스 해협, 이스탄불

을 쉽게 만날 수 있는 도시였다. 대영제국 전성기 런던과 오늘날 최대 패권국 미국의 뉴욕 같은 곳이었다고 생각하면 된다.

15세기부터 19세기 말까지 이스탄불은 세계 최고 도시 위상을 지켜갔다. 애거사 크리스티 추리소설《오리엔트 특급 살인》의 배경이 된 오리엔트 특급열차의 동쪽 종착역이 바로 이스탄불이다.(서쪽 종착역은 프랑스 파리이다.)

튀르키예의 공휴일(2022년 기준)

① 1월 1일 신년 (Yılbaşı Tatili)

② 4월 23일 국민주권 및 어린이의 날

(Ulusal Egemenlik ve Çocuk Bayramı)

③ 5월 1일 노동자의 날 (Emek ve Dayanışma Günü)

④ 5월 2일~4일 라마단 (Ramazan Bayramı)

⑤ 5월 19일 아타튀르크·청년·체육의 날

(Atatürk'ü Anma, Gençlik ve Spor Bayramı)

⑥ 7월 9일~12일 희생절 (Kurban Bayramı)

⑦ 7월 15일 민주주의 국민통합의 날

(Demokrasi ve Milli Birlik Günü)

⑧ 8월 30일 승전기념일 (Zafer Bayramı)

⑨ 10월 29일 공화국 창건 기념일 (Cumhuriyet Bayramı)

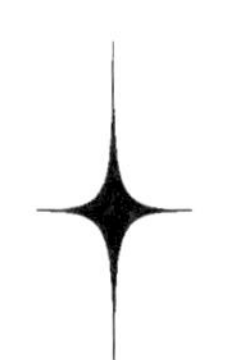

공존의 나라, 튀르키예

1,500년 간 축적된 기독교 문화와 500년 간 이어져 오는 이슬람 문화가 공존하는 튀르키예는 탈냉전 이후 세상을 반쪽 내고 있는 '이슬람포비아'를 극복할 지혜가 가득한 곳이다. 기독교 사원이던 아야 소피아대성당을 허물지 않고, 성전 내부에 그리진 기독교 성화를 회칠로 가려둔 포용력이 8세기 지브롤티 해협에서 시작된 서구와 이슬람의 반목과 갈등을 푸는 열쇠라고 본다.

처음 이스탄불에 도착했을 때 내 눈에 비친 튀르키예는 서구와 이슬람의 조화 그 자체였다. 예수 사후 사도시대 역사 유적과 서구의 자부심인 로마의 수많은 흔적, 동시에 이슬람 세계의 한 축으로 빛나는 이슬람 문화를 일궈온 튀르키예의 포용력과 높은 역사의식에 경외심이 저절로 일어났다.

21세기 튀르키예의 국가 목표 중 가장 우선시 되는 것은 EU 정회원이 되는 것이다. 1970년대부터 EU의 전신 유럽경제공동체(EEC)에 가입하려고 시도한 튀르키예는 1987년 가입 신청 이후 30년 넘게 EU 회원국이 되기 위한 노력을 계속했다. 튀르키예는 2002년 사형제 폐지와 쿠르드어 방송 허용 등 EU가 제시한 가입 협상 개시 조건을 충족하기 위해 개혁법안을 제정하고, 2004년 12월 드디어 후보국 지위를 얻었다. EU와 튀르키예는 2005년부터 가입 협상을 시작했으나 키프로스 영토분쟁 문제와 프랑스, 독일의 반대에 부딪혀 난항을 겪었다. EU 집행위원회는 가입 협상이 시작된 지 10년이 지난 2015년 11월 터키에 대한 가입자격 평가보고서에서 "수년간 튀르키예의 개혁은 둔화했으며 주요 입법은 유럽 기준에 부합하지 않는다"라고 지적하기도 했다. 2019년 평가보고서에서도 튀르키예에서 2017년 개헌 후 법치, 기본권, 정치적 견제·균형 측면에서 심각한 퇴보가 있었다고 진단했다.

난항이 계속되는 가운데서도 '유럽 국가'임을 강조하는 튀르키예는 EU 가입에 대한 의지에 변함이 없다. 에르도안 대통령은 2021년 1월 앙카라에서 열린 EU 회원국 대사 회의에서 "우리는 유럽과 함께 미래를 계획한다. 우리는 EU 가입이라는 최종 목표를 포기하지 않았다"라고 강조한 바 있다. 또한, 2021년 11월 튀르키예는 "EU 가입을 위해 개혁 정책을 시행하고 '코펜하겐 기준'을 충족한다면 EU의 정회원 자격을 인정해야 한다."라고 정식으로 요구하고 나섰다.(코펜하겐 기준 : 1993년 EU 가입 자격요건을 규정한 것으로 민주적 통치 체계를 갖추고 법치, 인권, 언론자유, 소수민족 보호 등 기본원칙을 준수해야 한다는 내용을 담고 있다.)

나란히 휘날리는 튀르키예 국기와 유럽연합기

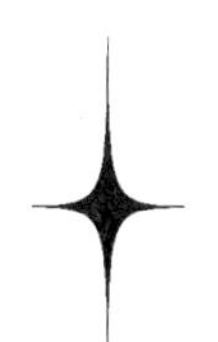

강인한 독립국, 에티오피아

에티오피아는 1억이 넘는 인구와 대한민국의 10배가 넘는 광활한 영토를 가지고 있는 나라다. 또한, 20세기 초 파시스트 무솔리니의 이탈리아에 의해 4년간 반식민지의 시기를 겪기도 하지만 단 한 번도 외국의 완전한 식민지가 된 적이 없는 강인한 독립국이다. 남북한 교차 수교국이며, 수도 아디스아바바엔 북한 김일성 주석이 만든 인민혁명탑이 있고, 또한 한국전쟁 참전을 기념하는 '한국공원'과 '한국전쟁박물관'이 공존하고 있다.

종교적으로 보면 아르메니아와 조지아에 이어 세 번째로 기독교를 국교를 받아들인 나라이기도 하다. 이슬람 세력의 침략을 받기도 했지만, 현재 에티오피아는 에티오피아정교회를 비롯한 기독교가 60% 정도 차지하고 이슬람 인구는 35% 정도 된다. 기독교와 이슬람은 평화롭게 공존하고 있다. 다른 아프리카 국가들이 식민지 지배국가의 언어와 스와힐리어를 공용어로 사용하고 있지만, 에티오피아는 암하라어를 공용어로 하고, 아프리카에선 유일하게 독자적인 문자를 사용하고 있다. 성서 열왕기상에 나오는 에티오피아 세바여왕과 솔로몬왕의 만남, 사도행전에서 사도 빌립이 전도하는 환관이 에티오피아인이었다고 한다. 또한, 세계적인 모델 나오미 캠벨도 에티오피아 혈통이다.

WE ARE THE WORLD

1985년 7월 13일 런던 윔블리 스타디움에서 열린 'LIVE AID' 공연은 영국 가수와 밴드들이 기근에 시달리던 에티오피아를 돕기 위해 개최한 자선공연이다. 2018년 개봉한 영화 〈보헤미안 랩소디〉에서 공연이 재현되기도 했다. 미국 팝스타들이 함께 발매한 'WE ARE THE WORLD'도 에티오피아 기아 해결을 위한 앨범이다.

슬로베니아의 철학자 슬라보예 지젝은 자신의 저서 《새로

성지순례 중인 순례자, 랄리벨라

운 계급투쟁》에서 이렇게 말한다.

"아프리카는 결코 자율적으로 사회를 바꾸지 못할 것이 분명하다. 왜? 서구인들이 그렇게 되지 않도록 방해하기 때문이다. 리비아를 혼란의 나락에 빠뜨린 것은 유럽의 개입이었다. 미국의 이라크 침공은 이슬람국가(IS)를 부상하게 만들었다. 중앙아프리카공화국에서 남부 기독교와 북부 이슬람 사이에 내전이 끊이지 않는 것은 단지 종족 간 미움이 아니라 북부 유전 발견에서 촉발되었다. 이슬람과 손잡은 프랑스와 기독교와 손잡은 중국이 배후에서 석유통제권을 놓고 싸우고 있다."[14]

15세기 대항해시대로부터 20세기 중반까지 500여 년 동안 아프리카 대륙은 서구열강들의 식민지였다. 유럽 열강의 식민지배는 아프리카에 존재하는 인간과 자연 모두에게 혹독하고 잔인했다. 아니 자연에서 나오는 커피, 차 등 새로운 기호식품들은 인간보다 좋은 대접을 받았다. 노예무역 초기엔 주로 유럽 본토로 데려와 귀족들의 수발 도구로 이용했으나, 새롭게 정복한 인도, 아메리카 대륙에 개척한 대규모 농장의 노동력을 공급하는 것으로 변화되었다. 16세기부터 19

세기 말까지 쿠바, 아이티, 브라질, 미국 등 아메리카 대륙으로 끌려간 아프리카인은 약 1,200만 명에 이른다고 한다. 아프리카인들은 이러한 역사로 인해 아프리카에 진출하는 국가에 대해 우호적인 관점보다 '약탈자', '침략자'로 바라보는 시선이 강하다. 어찌 보면 당연한 관점이다.

이런 가운데 1950년대부터 중국과 일본은 국가 주도의 대규모 투자와 진출을 도모해 오고 있다. 최근 이들의 대아프리카 투자 규모는 연평균 50~80억 달러에 달하고 있다. 우리나라 대아프리카 투자 규모의 수십 배 규모다. 중국과 일본의 투자는 공장 몇 개 짓는 수준이 아니고, 도로, 항만, 경기장 건설, 자원개발 등 중장기 SOC 투자다.(2014년 탄자니아 아루샤 도로 위 간판에서 본 일장기와 일본이 건설해준 도로라는 문구가 선명하게 기억난다.)

더 나아가 중국은 대규모 인프라 개발사업에 소요되는 노동력을 현지인이 아닌 중국인 이주를 통해 해결해가고 있다. 하나의 공사가 끝나면 하나의 '차이나타운'을 조성하는 전략을 택하고 있다. 그러나 이러한 중국의 무차별적 대륙 진출방식은 현지 고용시장과 산업을 고사 시키고, 현지인들과의 갈등을 확산시켜 장기적으로 아프리카와의 안정적 관계 형성에 걸림돌로 작용할 가능성이 크다. 당장은 중국의 거대한 자본력에 협력하고 있지만, 현지화의 실패는 실패한 투자로 이어져 중국엔 재앙이 될 수도 있다.

우리는 분명 아프리카 투자에 있어 후발주자임이 분명하지만, 중국과 일본의 시행착오를 자세히 관찰하여 좀 더 효과적인 투자전략을 세운다면 아프리카에서 대한민국은 가장 친근한 파트너가 될 수 있다. 또한, 아프리카 많은 국가가 한국의 경제성장 모델을 가장 좋은 모델로 받아들이고 있으니 더 할 수 없이 좋은 환경은 이미 조성돼 있다고 하겠다.

역대 대한민국 대통령 아프리카 순방

① 전두환 대통령 - 1982년 8월 케냐, 나이지리아, 가봉, 세네갈

② 노무현 대통령 - 2006년 3월 이집트, 나이지리아, 알제리

③ 이명박 대통령 - 2011년 7월 남아프리카공화국, 콩고, 에티오피아

④ 박근혜 대통령 - 2016년 5월 에티오피아, 우간다, 케냐

⑤ 문재인 대통령 - 2022년 1월 이집트

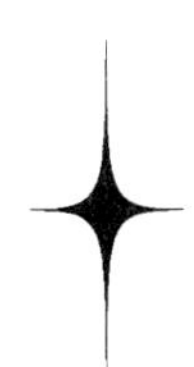

아프리카에도 혈맹이 있다

대한민국은 아프리카대륙의 53개 모든 국가와 국교 수립이 돼 있다. 그런데도 서구로부터 이식된 '이슬람포비아' 못지않게 아프리카에 대해 부정적 인식이 팽배해 있다. 많이 개선되고 있지만, 아직 한국인에게 아프리카는 질병, 기아, 난민, 모래사막, 테러, 쿠데타 등 파괴와 공포의 대륙이다.

한국인들과 아프리카가 처음 만난 것은 1950년 한국전쟁 때이다. 한국전쟁 당시 아프리카에선 에티오피아와 남아프리카공화국이 유엔군 소속으로 참전했다. 에티오피아는 3,518명을 파병하고 그중 122명이 전사했고, 남아프리카공화국은

에티오피아 수도 아디스아바바의 야경

826명이 참전하여 37명이 전사했다.

한국인들의 의식 속에 가난과 인종차별의 상징으로 자리잡고 있는 두 나라가 한국인들의 자유와 인권을 위해 숭고한 희생을 마다치 않았다는 사실은 매우 역설적이다. 초고속 성장기를 거치며 한국인들은 너무 많은 기억을 상실하며 살아왔던 게 아닐까? 그 나라들의 체제가 부당하거나 지극히 가난해서 우리에게 별 도움이 안 될 수도 있지만, 그들은 분명 한국인을 죽음의 구덩이에서 건져준 생명의 은인임이 분명하다. 고로 한국인들은 그에 걸맞게 그들을 대하고 존중해야 하는 의무가 있다. 더군다나 21세기 남아프리카공화국과 에티오피아는 아프리카 최상위권의 경제성장을 기록하고 있으며, 아직 손대지 않은 무궁무진한 지하자원과 인적자원, 그리고 자연환경을 가진 나라다.

재한유엔기념공원

부산광역시 남구 유엔평화로 93

1951.1.19. 유엔군 전사자 매장을 위하여 유엔군사령부가 조성

1955.11.17. 대한민국 국회가 토지를 영구히 기증하고, 성지로 지정할 것을 유엔에 건의

1955.12.15. 묘지를 유엔이 영구적으로 관리하기로 유엔총회에서 결의

1959.11.6. '유엔 기념 묘지 설치 및 관리 유지를 위한 대한민국과 유엔 간의 협정'체결

1974.2.16. 관리업무가 유엔한국통일부흥위원단(UNCURK)에서 11개국으로 구성된 재한유엔기념공원 국제관리위원회(CUNMCK)로 위임되어 현재에 이름

2007.10.24. 근대문화재 등록(등록문화재 제359호)

1951~1954년 사이에 이곳 유엔기념공원에는 유엔군 전사자 약 11,000여 명의 유해가 안장되어 있었으나, 벨기에, 콜롬비아, 에티오피아, 그리스, 룩셈부르크, 필리핀, 태국 등 7개국 용사의 유해 전부와 그 외 국가의 일부 유해가 그들의 조국으로 이장되어, 11개국의 2,315구의 유해가 잠들어 있다. [15]

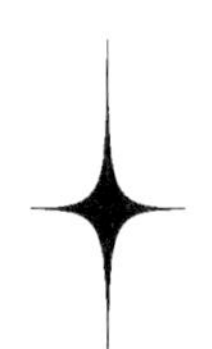

3천년의 제국,
그리고 베타 이스라엘

기독교 성서 열왕기상 제10장 1절~13절엔 세바(에티오피아)의 여왕과 이스라엘 솔로몬 왕의 만남과 헤어짐이 기록돼 있다.(에티오피아 국기 정중앙 있는 별은 '솔로몬의 별'이다.)

1절 세바라는 곳에 여왕이 있었는데 솔로몬의 명성을 듣고는 그를 시험해 보려고 아주 어려운 문제를 준비하여 방문 온 일이 있었다.

2절 여왕은 예루살렘을 방문할 때 많은 시종들을 거느리고 왔을 뿐 아니라 각종 향료와 엄청나게 많은 금과 보석을 낙타에

싣고 왔다. 여왕은 솔로몬 왕을 만나자 미리 생각하였던 문제들을 모두 물어보았다……[16]

열왕기상 기록에 근거한 설화에 의하면 기원전 1000년경 이스라엘의 솔로몬왕과 지혜로운 세바 여왕 사이에서 낳은 아들 메넬리크 1세가 에티오피아로 이주하여 건국(악숨)했다고 한다. 많은 에티오피아인은 우리가 단군설화를 시조로 보는 것과 마찬가지로 세바여왕과 솔로몬왕의 아들이 에티오피아를 건국했다고 신념으로 믿고 있고, 이는 2012년 이스라엘이 진행한 유전자검사를 통해 사실로 확인되었다(약 6만 명 확인). 분명 에티오피아엔 유대인의 유전형질을 물려받은 솔로몬의 후예들이 3000년간 살고 있었다. 이는 1975년부터 1991년까지 수차례에 걸쳐 이스라엘 모사드에 의해 진행되는 에티오피아 유대인 구출 작전을 통해 세계인들에게 알려지게 된다. 1975년에 이스라엘 라빈 정부가 흑인 유대공동체 '베타 이스라엘'은 유대인이며, 출애굽 당시 잃어버린 '단'지파의 후예이기에 귀환법의 적용대상이라고 선언하면서 정식으로 이스라엘 국민 자격을 부여받게 된다.

에티오피아 공휴일 및 기타 휴일

에티오피아는 율리우스력을 따르기 때문에 1년은 30일로 이루어진 12개월과 5, 6일 밖 없는 13번째 달로 이루어진다. 한 해의 시작은 9월 11일이며 율리우스력은 일반 그레고리력의 해보다 7년 반 정도 뒤지게 된다. 따라서 에티오피아의 축제일은 다른 나라와는 다르며 이슬람력에 따라 수시로 그 날짜가 바뀌는 축제일이 있다.

① 1월 7일 크리스마스, 에티오피아력

② 모하메드 탄생일, 매년 날짜 다름

③ 1월 19일 예수공현일(Ephiphany), 에티오피아력

④ 3월 2일 아드와 전승 기념일(Victory of Adwa)

⑤ 4월 18일 성금요일(Good Friday), 에티오피아력

⑥ 4월 20일 부활절(Ethiopian Easter), 에티오피아력

⑦ 5월 1일 국제 노동절(International Labor Day)

⑧ 5월 05일 애국자 승리일(Patriot's Victory Day)

⑨ 5월 28일 민주정권 수립일(Downfall of the Derg)

⑩ 라마단 종료일(Id Al Feitr), 매년 날짜 다름

⑪ 9월 11일 신년(New Year), 에티오피아력

⑫ 9월 27일 참십자가 발견일(Meskel Day)

⑬ 메카순례 시작 익일(Eid Al Adeha), 매년 날짜 다름

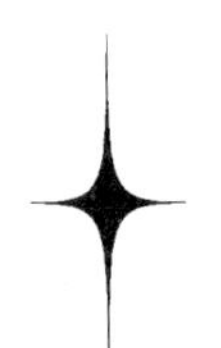

형제를 구한 두 개의 작전

베타 이스라엘들의 에티오피아 탈출 작전은 세계적인 관심사로 떠올랐다. 2차 세계대전이 끝난 직후 미국과 영국 군대의 보호를 받는 60만 명의 유대인들이 이미 100만 명의 팔레스타인인들이 평화롭게 살고 있던 현재 이스라엘 땅에 몰려든 이후 또다시 디아스포라 유대인들의 대규모 이동이 전개된 것이다. 이젠 미국과 영국의 군대가 아닌 '가나안'을 장악한 이스라엘 정보기관의 보호를 받았다는 차이가 있을 뿐이다.

첫 번째 작전은 대기근 기간이던 1984년-85년에 진행된 '모세 작전'이다. 기근과 사회주의 정부의 위협에서 동족을 구해낸다는 작전이었다. 이스라엘 정부는 정보기관 모사드를 이용해 8천 명의 베타 이스라엘들을 수단으로 이동시킨 후, 수십 대의 유럽 전세기를 동원해 이스라엘로 이주시켰다. 이 작전은 베타 이스라엘들을 수단까지 도보로 이동시킨 후 항공편으로 귀국시키는 작전이었던 관계로 도보 이동 중 수많은 사람이 다치거나 죽게 된다.

두 번째 작전은 '솔로몬 작전'이다. 1991년 에티오피아 내전이 격화하는 가운데 이스라엘 정부는 '동족'을 에티오피아 주재 이스라엘대사관에 모았다. 이스라엘은 에티오피아 정부와 협상 끝에 몸값 3,500만 달러를 주고 이들을 이스라엘로 데려간다는 협약을 맺었다. 몸값은 미국 유대인 자선단체가 단 3일 만에 걷었다. 이스라엘 정부는 반군 측과도 교섭해 베타 이스라엘의 송환작전을 방해하지 않는다는 약속을 받아낸 뒤 즉각 '솔로몬작전' 개시했다. 에티오피아 정부의 협조 속에 아디스아바바에 도착한 이스라엘군 특수부대원 200명이 대사관 부근에 거대하게 형성된 베타 이스라엘 난민 캠프와 공항까지 구간의 안전을 확보했다. 솔로몬작전은 상상하기 힘든 속도로 진행됐다. 이스라엘이 동원한 항공기는 군 수송기와 B-747 점보제트기 35대. 많을 때는 28대가 동시에 하늘에 떠 있을 정도였다. 세계사에 남을 이 작전으로 36시간 동안 구조한 인원은 1만4,325명이었다. 2022년 아프카니스탄 카불공항에서 벌어진 대탈출을 보면 솔로몬작전이 얼마나 대단한 사건이었는지 이해된다.

현재 이스라엘엔 약 135,000여 명의 베타 이스라엘이 살고 있다. 이들은 이스라엘 사회 최하층을 형성하고 있으며, 주요 사회문제의 원인으로 수시로 등장하곤 한다. 그럼에도 3천 년의 시간을 넘어 동족을 찾는 이스라엘의 분투는 커다란 교훈으로 다가오는 게 사실이다. 대한민국 역시 식민지와 동족상잔, 그리고 분단을 겪는 와중에 수백만 명의 '디아스포라 한국인'이 중국, 일본, 중앙아시아, 중남미 등에 살고 있기 때문이다.

이 두 개의 작전을 통해 대한민국을 비롯한 많은 지구촌 국가의 시민들이 에티오피아의 존재를 알게 되고, 역사를 이해하는 계기가 되었다. 이 사건 이후 한국인이 아프리카에 좀 더 가까워진 계기는 2002년 월드컵이다. 이전 대회 우승국인 축구 강호 프랑스와 중남미 축구 강호 우루과이를 조별 예선에서 탈락시킨 아프리카 세네갈의 돌풍은 아프리카에 대한 한국인의 관심까지 불어 일으켰다. 아프리카에 대한 호기심이 늘어나고, 경제력과 줄어든 노동시간을 바탕으로 유럽으로 쏠려 있던 여행지의 다양화가 이 시기와 맞물려 있다. 또한, 월드컵을 전후하여 불기 시작한 커피에 관한 관심은 자연스럽게 커피 원산지인 에티오피아와 아프리카로 향하게 된다.

에티오피아 주요 여행지

① 현대 에티오피아의 심장, 아디스아바바

② 역대 에티오피아 황제들의 숨결이 묻어 있는 곤다르

③ 타나호수와 청나일폭포로 가기 위한 관문 도시, 바하르다르

④ 제2의 예루살렘, 랄리벨라

⑤ 세바여왕 전설과 솔로몬의 성궤를 간직하고 있는 고대도시, 악숨

⑥ 아제와 마리암 수도원을 만날 수 있는 타라 호수

※ 인류의 조상 '루시'를 만나러 에티오피아 국립박물관으로 달려가자.

최초로 커피가 발견된 땅, 에티오피아

타라호수의 갈대배, 타라호수에서 발원하는 청나일강과
빅토리아호수에서 발원하는 백나일강이 모아져 바다로 흐르는 강이 나일강이다.
청나일폭포는 수많은 관광객이 찾는 세계적인 관광지다.

성 게오르기오스(Biete Giyorgis) 성당, 랄리벨라,
12세기부터 에티오피아 기독교성지인 랄리벨라의
11개의 암굴교회는 현재까지도 에티오피아정교회
성당으로 이용되고 있다. 기독교 절기마다 수많은
정교회 순례자들이 방문한다. 12세기 예루살렘이 이슬람에
함락된 이후 랄리벨라는 제 2의 예루살렘으로 불리게 된다.

곤다르 파실게비 유적지,
1635년~1855년까지 에티오피아 제국의 수도였다.

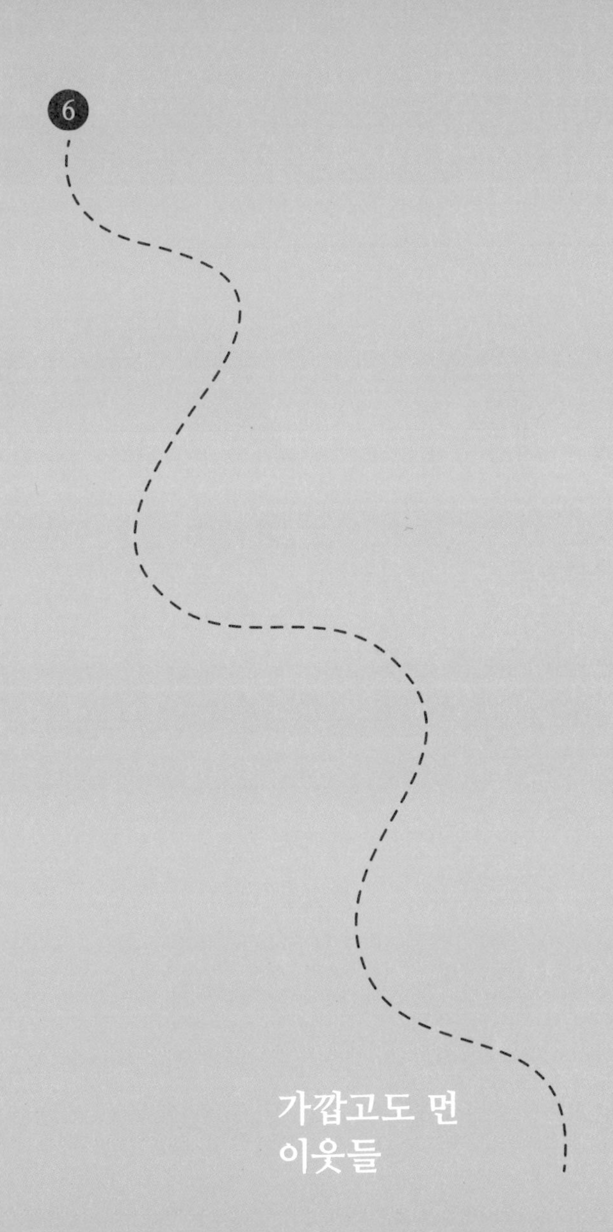

6

가깝고도 먼 이웃들

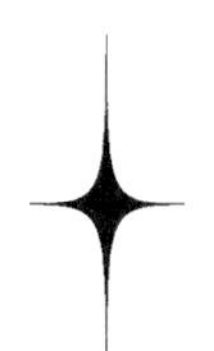

나의 여행은 1994년 중국에서 시작됐다

나의 해외여행은 1994년 중국에서 시작되었다. 1992년 수교국 반열에 오른 중국은 미지의 세계였다. 《삼국지》와 김용의 소설 《영웅문》을 통해 만나던 중국은 당시 죽의 장막으로 막힌, 우리와 가장 가깝지만 가장 먼 국가 중 하나였다. 민족의 영산 백두산, 집안의 광개토태왕비, 수많은 독립군의 영혼이 묻혀 있는 광활한 만주대륙은 꿈속에서만 만날 수 있던 가장 비밀스러운 공간들이었다.

세계를 향해 첫발을 내디딘 곳은 인천여객터미널이었다. 당시 운항을 시작한 지 얼마 안 된 진천항운이 출항하던 곳이다. 백두산을 가슴에 품고 장장 27시간의 기나긴 뱃길에 몸을

민족의 영산 백두산 천지

실었다. 중국과의 교류가 본격적으로 시작되기 전인 관계로 여행 정보도 제한적이고, 준비하는 과정도 그리 순탄치만은 않았다. 1년 후배와 둘이 조각조각 흩어져 있는 중국에 대한 정보를 모아 출발한 여행에서 믿을 건 오로지 당시 거금을 주고 구입한 세계적 가이드북 론리플래닛 중국 편뿐이었다.

전 세계 배낭여행자들의 수많은 여행이 녹아 있는 론리플래닛은 중국에서 모든 게 낯선 두 명의 한국인에게 빛과 소금 같은 존재였다. 깨알 같은 디테일은 1개월간 아무 사고나 실수 없이 천안문광장으로, 이도백하로, 백두산으로 우리를 이끌었다. 첫 번째 여행을 풍요롭게 만들어준 그 책은 아직도 내 서재 가장 중심에 놓여 있다.

7월 14일 낮에 인천을 떠난 진천항운 소속 페리는 중국 산둥반도 아래 자리 잡은 천진을 향해 물살을 가르고 있었다. 제주도에 갈 때 대형 여객선을 이용해본 적이 있어서 어색하진 않았지만, 공간보다는 처음으로 만난 수많은 외국인이 낯설게 다가왔다. 대만인, 일본인, 독일인, 미국인, 중국인 등등 세계 각국의 외국인들이 어깨를 부딪치며 중국을 향해 물살

천안문 광장, 북경

을 가르고 있었다. 특히 기억에 남는 사람은 대만인 젊은 사업가였다. 당시 대만은 자유중국으로 불리고 있었다. 1992년 중국의 수교 직후 우리와는 단교하게 되었지만, 중국의 '하나의 중국' 정책으로 대만인들의 본토 방문은 자유로웠다. 이를 보며 우리는 언제쯤 북한을 자유롭게 방문할 수 있을까? 하는 아쉬운 물음이 답답하게 느껴졌다.

도착한 천진항은 충격이었다. 부두에 끝없이 늘어선 크레인과 쌓여 있는 컨테이너는 오늘날 세계의 달러를 가장 많이 수집한 중국의 초기 모습이었다. 도착 직후 항구에서 가까운 식당에서 대만 사업가가 만든 대륙적 만찬이 벌어졌다. 끝없이 권하는 술잔으로 인해 여행을 포기하기 직전, 만찬에서 탈출해 천진역으로 향했다. 서울역의 5배는 돼 보이는 천진역를 보며 다시 한번 대륙 굴기의 거대한 비전을 만날 수 있었다. 한국이 접사로 찍은 사진이라면 중국은 광각렌즈로 찍은 사진이었다. 거대한 광장과 웅장한 역사의 규모에 위축된 우리 둘은 다음 날 아침 연길로 떠나는 기차표를 가이드북이 가르쳐주는 대로 성실하게 구입한 후 편한 마음으로 거대한 대합실 구석에 자리 잡고 앉았다.

당시 중국은 외국인 내국인 요금이 따로 있었고, 외국인은 기차역 대합실 바닥에서 잘 수 있는 엄청난 특혜가 제공되고 있었다. 막차가 떠난 역사 내부엔 중국인이 머물 수 없었으며, 다음 날 아침 일찍 떠나는 기차를 기다리는 외국인들만 대합실 바닥을 침대 삼아 삼삼오오 누워있었다. 그 진풍경은 이제 다시 볼 수 없는 전설적인 장면이 되었다. 동이 틀 무렵 역무원의 구둣발이 발끝을 때리는 순간 아침이 밝았음을 알았다. 드디어 장장 33시간의 기차여행이 시작되었다.

대합실에 누워서 기차를 기다리는 사정을 보면 알겠지만 우리 둘은 3등칸 열차를 이용했다. 기차는 1등칸(룸), 2등칸(다인 침대칸), 3등칸(목조의자)으로 구성돼 있었다. 지정석이 아닌 관계로 빛의 속도를 내는 현지인들에게 밀려 서서 가는 신세가 되어버렸다. 앞으로 33시간 동안 요서와 요동을 차례로 지나 만주벌판을 통과하게 되는 대장정을 서서 하게 된 것이다.

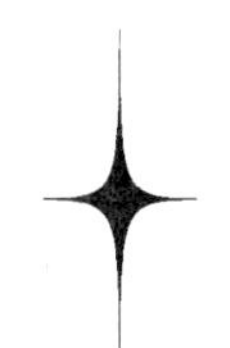

백두산과 고구려, 불편한 이웃 중국

내가 인생 첫 번째 해외여행을 중국 동북지역으로 가게 된 이유는 '백두산'과 '광개토태왕비'였다. 육지와 연결된 섬나라에 갇혀 사는 신세가 답답했고, 백두산과 고구려는 반쪽짜리 세상이 주는 억압에서 나의 젊음을 구출해줄 구원자 같은 존재였다. 5천 년 민족사를 제자리에서 지켜봐 온 백두산의 기상과 고조선의 영광을 재현한 광개토태왕의 호연지기는 모든 한국인의 꿈과 희망이기도 했다. 또한, 중국 동북지역은 한민족(韓民族)과 한민족(漢民族)이 대륙의 패권을 놓고 피 흘리며 경쟁하던 피나는 격전지였기에 청년 시절 그 지역에 대한 나의 호기심은 다른 모든 관심을 압도

하고 있었다. 이러한 호기심이 처음으로 열린 '죽의 장막'으로 나를 안내한 것이다.

개혁, 개방의 상징 '맥도날드'

1990년 중국 남부 심천에 세계적인 패스트푸드 '맥도날드'가 오픈한다. 1970년대 '핑퐁외교'로 시작된 중국의 개혁, 개방이 드디어 열매 맺는 순간이었다.(냉전시대 이후 맥도날드와 코카콜라는 문화 개방의 상징으로 여겨졌다.) 현지화 전략으로 중국 전통 건축양식을 따라 지어진 맥도날드 심천점은 아직도 심천을 방문하는 관광객의 필수 방문코스로 자리 잡고 있다. 이후 1992년 4월엔 수도 베이징의 중심 왕푸징에 당시 세계 최대 규모의 맥도날드 왕부정점이 오픈하게 된다. 오픈하는 날 4만 명 이상의 손님이 방문했다고 한다.

지난 5천 년간 우리에게 중국은 대륙 패권을 놓고 싸우던 경쟁자, 우리 강토를 억압한 침략자, 때론 열강의 침략을 막아주던 조력자, 오늘날에 와서는 우리 경제를 지탱해주는 소비자의 역할 등 다양한 모습으로 인식된다. 기원전 2세기 때 한나라 한무제에 의해 고조선이 멸망한 후 70년이 지나 동이족 국가 부여 출신 주몽이 고구려를 부활시킬 때까지 우리 민족은 중국이 한반도 북부와 요동지역에 설치한 한사군(낙랑,

임둔, 진번, 현토)에 의해 식민통치를 당하게 된다.

기원 후 1세기에 접어들며 한나라가 쇠락의 조짐을 보이기 시작하는 가운데 한반도와 중국 동북지역은 한민족을 비롯해 같은 동이민족 부족인 말갈, 거란, 선비 등 여러 세력의 각축장이 된다. 이런 가운데 북방대륙엔 부여를 기반한 고구려, 고구려에서 분리된 백제, 새로운 신화로 만들어진 신라가 고대 국가로 탄생하고 있었다. 고구려, 백제, 신라는 중국의 끊임없는 견제 속에 고조선 이후 단절된 위대한 한민족의 역사를 이어간다. 특히 고구려는 중국과 정면으로 마주하며 한반도를 지켜내는 방파제이기도 했다. 또한, 고구려는 여러 동이족 부족(말갈족, 선비족, 거란족 등)이 결합한 '대제국'이었다.

이후 수 세기에 걸쳐 중국 여러 왕조와 치열한 패권경쟁을 마다치 않던 고구려도 7세기 후반 신라군과 연합한 당나라에 멸망하게 되고, 대륙의 패권을 놓고 벌어진 한족 중국과의 전쟁의 역사도 막을 내리게 된다. 이후 고려와 조선에 이르러 대륙을 차지한 몽골족 원나라, 만주족 금나라의 지배와 침략이 있었지만 고구려, 백제 멸망 후 한국전쟁 때까지 한족(漢族)이 만든 중국 왕조와는 사대외교만 있었을 뿐 전쟁을 치른 일이 없었다. 단, 우리 역사에서 벌어진 두 차례 동족상잔의 비극, 7

세기 삼국전쟁과 20세기 한국전쟁엔 중국이 모두 개입돼 있다. 이는 떼려야 뗄 수 없는 중국과 우리의 관계를 여실히 보여준다.

장개석 총통을 감동시킨 윤봉길 선생

윤봉길 선생은 1932년 4월 29일 오후 중국 상하이 홍구공원(현재 루쉰공원)에서 도시락폭탄을 투척하여 일본 상하이 파견군 총사령관 시라카와 요시노리, 상하이 일본거류민단장 가와바타 사다지 등을 처단했다. 이 사건 후 중국 국민당 장개석 총통은 "중국군 백만 명이 하지 못한 일을 조선 청년 한 사람이 해냈다"라고 극찬했고, 이후 대한민국임시정부를 추인하고 물심양면으로 적극적으로 지원하였다. 이에 한국정부는 1953년 11월 당시 임시정부를 적극 지원해준 장개석 총통에게 건국훈장 대한민국장(1등급)을 추서한다.

19세기 이후 세계를 휩쓴 제국주의는 20세기에 접어들며 한반도와 중국대륙을 강타하게 된다. 제국주의를 주도하던 유럽 열강들과 동맹을 맺은 일본은 동북아에서 유일한 근대 산업 국가로 변모하게 되고, 축적된 자원을 아시아 침략의 에너지로 사용하기 시작한다. 도요토미 히데요시의 대륙 정복 야욕이 메이지유신 이후 성장한 일본 젊은 장교들 속에서 부

윤봉길 선생 의거 현장, 상해 루쉰공원.

활한 것이다.

1910년 서구열강의 방조 속에 조선을 강제로 빼앗은 일본은 1931년 만주사변을 일으켜 본격적인 대륙 침략을 시작한다. 일본이 대륙 침략의 전진기지로 삼은 만주지역은 우리 동북무장항일운동의 거점이기도 하다. 또한, 1994년 나의 중국 여행이 시작된 가장 큰 이유 중 하나도 일본의 제국주의 죄악에 맞서 전력을 다한 대한독립군의 자취를 따라가 보는 것이었다.

1994년 당시엔 백두산이 솟아 있는 고구려의 옛 땅에서 고구려의 역사와 독립군의 항일투쟁을 만나는 건 어렵지 않은

상해 마천루

일이었다. 현지에서 만난 인연으로 방문한 조선 동포의 가정에서 본 항일투쟁열사 훈장은 그 지역 조선인들에게 특별한 일이 아니었다. 조선 후기 척박한 삶을 극복해 보려고 이주한 분, 독립운동을 하던 조부와 부모를 따라 만주지역에 정착한 분 등이 조선인으로서의 정체성과 문화를 유지하며 살아가고 있었다. 당시 이분들의 도움이 없었다면 열악한 교통상황 등으로 장군총, 광개토태왕비, 고구려 고분군, 광개토태왕릉 등 책에서만 보던 유적지는 언감생심 가볼 꿈도 못 꿨을 것이다. 만리타향이 된 한국의 두 젊은이를 위해 기꺼이 수고를 아끼지 않으신 따뜻한 동포애에 감사함을 아직까지 잊지 않고 있다.

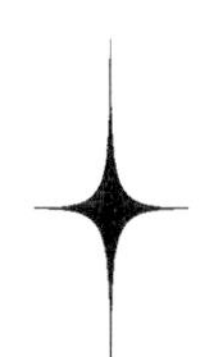

그래도 중국은 친구

중국과의 관계가 정상화된 1992년 이후 중국과의 관계를 경제적 측면에서만 보면 동맹국 미국과의 관계보다 더욱 우호적인 관계로 발전해왔다. 이러한 관계 발전의 모습은 2005년, 10년 만에 다시 찾은 상하이 황포강변에서 찾을 수 있었다. 황포강변에 즐비하게 늘어선 초고층 빌딩 사이사이에 한국 기업들의 광고 네온사인과 중심가에 울리는 한국 대중가요, 한국 모델들이 점령한 화장품 광고 포스터 등 다시 수교한 지 십수 년 만에 오천 년 친구관계가 회복돼 있었다.

그러나 언제부턴가 이러한 건강한 관계 발전이 무너지는

신호음이 곳곳에서 들리기 시작한다. 2000년대 중후반 이후 한국인들 사이에서 '혐중정서'가 급속도로 확대되고 있다. 혐중정서의 원인은 2000년대 초부터 국가 주도로 전개된 동북공정사업으로 우리 고구려, 발해 역사를 자기들의 역사로 무단편입한 것과, 2014년 시진핑 주석이 천명한 '일대일로' 비전이 가지고 있는 패권주의적 행태가 아닌가 싶다. 2020년부터 세계를 바이러스 공포에 몰아넣은 코로나 팬데믹의 진원지가 중국 우한이라는 한국 대중의 인식은 혐중정서를 한층 강화시킨다. 한마디로 얘기해서 어느새 세계 2위의 경제대국으로 성장한 중국의 오만한 패권의식이 일본 극우 군국주의와 다를 게 없다고 판단하는 한국인들의 경계심이 중국에 대한 혐오로 이어지고 있다고 보는 것이다.

그럼에도 불구하고 대한민국 교역의 25%를 차지하고 있는 중국과의 경제교류를 포기한다는 것은 있을 수 없는 일이기에 어느 때보다 지혜로운 외교가 필요한 시기이다. 이뿐 아니다. '여행'이라는 관점에서 보면 중국은 보물창고와 마찬가지다. 우리 민족 역사를 고스란히 품고 있는 중국 동북지역 한민족(韓民族)의 역사자원, 장가계, 태산, 곤명, 황산, 만리장성, 자금성, 티베트 고원의 우주적 풍경, 서쪽으로 이어진 장

대한 실크로드, 동아시아 금융중심지 홍콩 등 우리의 미래를 풍요롭게 해줄 상상력의 근원이 거대한 중국에 넘쳐난다. 이를 포기한다는 것은 있을 수 없는 일이다.

미국 일극 체제가 무너진 후 세계는 자국의 이익을 위해 과거의 적이든 뭐든 간에 필요하다면 손잡고 새로운 전략을 만들어가야 한다. 그래서 대혼돈의 국면에서 세계의 변화를 직접 체험하고, 세상의 변화를 오감으로 배울 수 있는 청년들의 '여행'은 국가의 미래 전략 차원에서 지원하고 확대해 나가야 한다. 60~70년대생들이 시작한 '배낭여행'이 한국이 선진국

중국 개혁개방의 상징 도시 심천

되는 중요한 밑거름이었다면 이제 밀레니엄 세대의 '자유여행'이 한국을 세계 리더 국가로 만드는 밑거름이 되어야 한다.

중국의 지리·경제 수치

면적은 9,640,821㎢(대한민국의 100배), 인구는 1,425,887,337명으로 세계 1위, IMF 통계로 명목 GDP가 19조 9,116억 달러로 세계 2위, 1인당 GDP는 14,096달러, 외환보유액은 약 3조 달러이다.(2022년 기준)

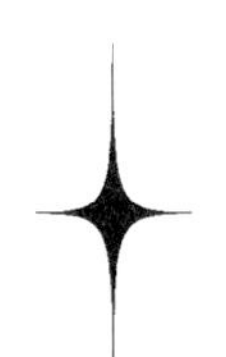

혁신과 침략, 두 얼굴의 일본

일본은 지리적으로 우리나라와 가장 가까운 곳에 있는 나라다. 심지어 날씨 좋은 날 부산 태종대전망대에 올라가면 일본 대마도를 볼 수 있을 정도다. (남북이 통일되면 당연히 중국과 러시아가 제일 가까운 나라가 되겠지만 아직까진 일본이 가장 가까운 나라다) 지리적 위치만 가까운 것이 아니라 우리와 일본은 중국과 마찬가지로 고대사로부터 오늘에 이르기까지 문화교류, 전쟁, 침략, 지배, 피지배 등이 끊임없이 이어져 있는 역사적으로도 가장 가까운 나라라고 할 수 있다. 심지어 2002년도엔 세계 최고의 스포츠 잔치인 월드컵마저도 공동으로 개최하는 운명의 나라가 바로 일본이다.

나의 청년 시절인 90년대 일본은 혁신의 상징이었다. 소니의 미니카세트 '워크맨', 세계 최초의 랩탑인 도시바의 '노트북', 각 지역의 문화와 특성에 맞게 조직화된 일본의 지역사회 공동체 운동, 협동조합과 사회적 기업, 선진화된 지방자치, 철학으로 승화된 일본 애니메이션, 공산당도 존재하는 정치의 민주화 등 사회 전 부분이 새로운 것으로 넘쳐나는 동경의 대상이 일본이었다.

이처럼 일본이 한국 청년의 로망이 될 수 있었던 건 일본의 왕과 집권층이 19세기 중반 입헌공화국을 받아들이고, 근대화와 산업화에 성공했기 때문이다. 반면, 조선의 왕과 집권층은 근대라는 세계사적 흐름을 올바로 읽지 못했을 뿐 아니라 세계의 변화를 읽어낼 지혜도 없고, 목숨을 걸고 나라를 지켜야겠다는 애국심도 없이 오로지 자기 당파의 집권연장에만 혈안이 돼 있었다.

1905년 외교권을 박탈당하는 을사늑약 체결부터 1910년 국권을 상실하는 경술국치 전후에 크게 두 개의 흐름이 존재했다. 하나는 친미, 친러를 거쳐 친일로 전향한 집권 노론(당수 이완용)과 동학농민혁명이 일본군에 의해 무참히 진압당한 이후 일본에 투항한 일진회 동학잔당(송병준, 이용구)의 '나라팔아먹기 경쟁'이었다. 다른 하나의 흐름은 조선 제일 부자였던 삼한갑족 우당 이회영 선생과 그 형제들, 강화와 음성의 양명학자들, 임시정부 초대 국무령을 지내신 안동의 석주 이상룡 선생, 백하 김대락 선생 등이 서로 약속이나 한 듯 모든 재산을 팔고, 모든 가족과 일꾼들을 이끌고 만주 유하현 횡도촌으로 '집단 망명'에 나선 것이다.

당시 조선에 '나라팔아먹기 경쟁'만 있었다면 조선은 어떤 식으로든 망해도 상관없는 나라였을 것이다. 하지만 다른 한편에서 일어난 애국지사들의 장엄한 망명 사건이 있었기에 일본 침략에 의한 조선의 멸망은 어떤 논리로도 정당화되거나 합리화될 수 없다. 세상의 모든 미사여구를 동원한다 해도 일본의 강압에 의한 조선의 식민지화는 제국주의 죄악의 결과물일 뿐이고, 일본 군국주의자들이 저지른 반인류적 범죄일 뿐이다. 그렇기에 해방 후에도 권력을 잡은 친일파들이 독립운동 역사에 끊임없이 린치를 가하며, 온갖 구실을 만들어서 기를 쓰고 지우고 싶어 하는 것이다.

평화 기념 공원(원폭 돔, 히로시마 평화 기념 자료관)

세계 최초의 미니카세트 플레이어 '워크맨'

매국노들을 위한 조선귀족령

1910년 조선을 강탈한 일본은 같은 해 8월 29일 [조선귀족령]을 제정하여 조선강탈에 협력한 대한제국 고위급 인물들에게 후작, 백작, 자작, 남작 등 작위를 내림과 동시에 거액의 은사금을 지급했다.

후작(6명) - 윤택영, 이재완, 박영효, 이재극, 이해승, 이해창

백작(3명) - 이완용(李完用), 민영린, 이지용

자작(22명) - 고영희, 민병석, 박제순, 송병준, 이용직, 조중응, 권중현, 김성근, 김윤식, 민영규, 민영소, 민영휘, 윤덕영, 임선준, 이근명, 이근택, 이병무, 이재곤, 이하영, 조민희, 이완용(李完鎔), 이기용

남작(45) - 조희연, 장석주, 유길준, 김가진, 김병익, 김사준, 김사철, 김석진, 김영철, 김종한, 김춘희, 김학진, 남정철, 민상호, 민영기, 민영달, 민종묵, 민형식, 박기양, 박용대, 박제빈, 성기운, 윤용구, 윤웅렬, 이건하, 이근상, 이근호, 이봉의, 이용원, 이용태, 이윤용, 이재극, 이정로, 이종건, 이주영, 정낙용, 정한조, 조경호, 조동윤, 조동희, 조정구, 최석민, 한규설, 한창수, 홍순형. 이상 총 76명.

① 이 중 김석진, 윤용구, 홍순형, 한규설, 민영달, 조경호, 조정구, 유길준 등 8명은 작위를 반납하거나 거절.

② 이완용(백작→후작), 송병준(자작→백작), 고희경(자작→백작) 등 3명은 후일 작위를 높인다.

③ 10년 후 이완용의 둘째 아들이며, 일제 강점기 조선 제일 부자였던 이항구는 남작 작위를 받는다.

④ 매국하여 작위를 받는 자들 중 인조반정 이후 250여 년간 정권을 잡아온 노론세력이 다수였으며, 소론과 북인이 일부를 차지했다. 남인은 작위 받은 인물이 없다.[17]

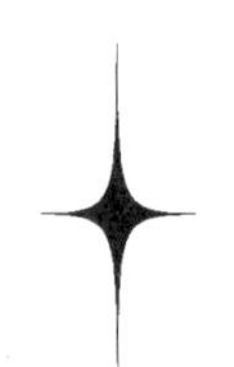

일본을 보는 관점

역사 대중화의 지평을 연 역사학자 이덕일 한가람역사문화연구소 소장이 자주 인용하는 문구 중에 공자가 말한 '일이관지一以貫之'가 있다. 하나의 관점으로 모든 일을 꿰뚫는다는 뜻이다.(나는 이 말을 상황과 시류에 따라 관점을 바꾸면 사건이나 사물의 본질을 온전히 파악할 수 없다는 말이라고 이해하고 있다.) 다른 나라를 여행할 때도 마찬가지로 어떤 관점으로 그 나라를 바라보느냐에 따라 그 여행을 통해 얻어지는 결과물은 180도 달라진다.

지난 시대의 경험으로 오늘에 와서 가장 정의롭고 보편적인 것으로 인정된 가치나 철학의 관점으로 바라보는 자세가 다른 문화와 공동체를 수도 없이 만나게 되는 여행자의 온전한 자세라고 본다. 그렇다면 우리 시대의 정의롭고 보편적인 가치는 무엇인가? 그걸 찾는 건 어렵지 않다. 4개 항목으로 구성된 '유엔헌장 1장 1조 유엔의 목적'에 정확히 기록돼 있기 때문이다. 특히 우리를 수차례 침략한 일본을 여행하고 이해할 땐 더더욱 관점의 일관성이 중요하다고 하겠다.

제1조 국제연합의 목적은 다음과 같다.

1. 국제평화와 안전을 유지하고, 이를 위하여 평화에 대한 위협의 방지, 제거 그리고 침략행위 또는 기타 평화의 파괴를 진압하기 위한 유효한 집단적 조치를 취하고 평화의 파괴로 이를 우려가 있는 국제적 분쟁이나 사태의 조정·해결을 평화적 수단에 의하여 또한 정의와 국제법의 원칙에 따라 실현한다.
2. 사람들의 평등권 및 자결의 원칙의 존중에 기초하여 국가간의 우호관계를 발전시키며, 세계평화를 강화하기 위한 기타 적절한 조치를 취한다.
3. 경제적·사회적·문화적 또는 인도적 성격의 국제문제를 해결하고 또한 인종·성별·언어 또는 종교에 따른 차별없이 모

든 사람의 인권 및 기본적 자유에 대한 존중을 촉진하고 장려함에 있어 국제적 협력을 달성한다.

4. 이러한 공동의 목적을 달성함에 있어서 각국의 활동을 조화시키는 중심이 된다.

유엔 193개 회원국과 회원국 국민이 동의한 4가지 사항이 가리키는 곳을 두 단어로 압축하면 '평화', '인권'이다. 평화와 인권은 상대에 대한 존중을 전제한다. 모든 여행자가 유엔의 가치를 가슴속에 새겨서 이러한 관점으로 타인과 타향을 바라본다면 여행자도 행복하고, 그들을 맞이하는 여행지 국민도 행복할 수 있을 것이다. 하지만 안타깝게도 한국인들이 해외여행을 하며 상대를 바라보는 관점은 힘의 논리, 소위 선진국과 후진국이라는 경제적 관점, 더 나아가 인종과 종교에 대한 편견에까지 이르고 있다.

해방 이후 고속 성장 과정에서 일방적으로 이식된 미국과 서구 중심의 세계관과 수구 성리학의 도덕률이 결합한 한국 종교계의 전근대적 신앙체계, 여기에 더해 분단국가의 폐단인 반공주의까지 결합해 지구촌의 열린 파트너로의 성장을 가로막고 있다. '평화'와 '인권'의 가치로 세상을 바라보면 세

UN본부, 뉴욕

군사정전위원회 회의실, 판문점

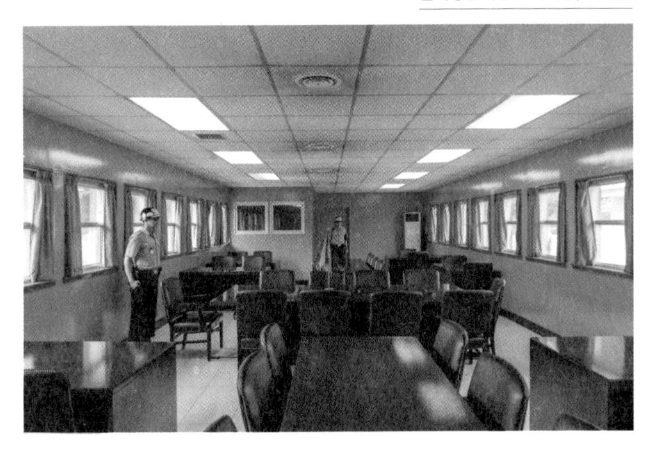

계 어느 국가든 우리와 친구가 못 될 이유가 없다. 심지어 우리와 가장 극단적인 체제인 북한과의 민족통일을 말하면서도 그 태도와 관점이 그에 역행한다면 그 괴리는 결국 파국의 원인이 될 것이 분명하다. 이런 면에서 일본여행은 건강한 관점을 가지고 세계를 바라보는 아주 효과적인 현장학습이다.

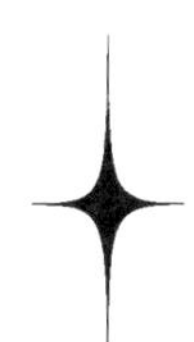

믿지 못할 친한 이웃, 일본

통일신라, 고려, 조선 초기까지 빈번했던 왜구의 침략, 팔도강산을 도륙한 임진왜란과 정유재란, 메이지유신 이후 정한론으로 무장하고 자행한 국권 강탈, 해방 후 미국을 등에 업고 우리에게 자행하고 있는 부당한 외교침략행위 등 드러나 있는 침략의 관점에서만 보면 일본은 불구대천의 원수임이 분명하다.

하지만 역사를 평화의 관점에서 바라보면 일본은 백제의 가장 친한 형제국가였으며, 삼국시대로부터 우리가 문자와 선진 대륙문화를 전해주던 이웃이었고, 선조 40년(1607년) 국교회복을 위한 조선통신사가 일본에 건너간 이후 도쿠가와

1945년 5월 미 해병대, 오키나와 전투

막부시대에는 조선통신사가 12차례나 일본에 행차했을 정도로 우호적인 국가로 재탄생하기도 했다. 조선통신사 규모가 300~500여 명에 이르렀다고 하니 오늘날 국빈방문에 못지않은 규모였다.

또한, 인권의 관점에서 보면 메이지유신으로 우리보다 먼저 의회를 만들고, 신분제를 폐지하는 등 근대국가의 면모를 갖췄으며, 2차 세계대전 전후 처리의 산물이긴 하지만 재벌이 해체되고, 개량된 공산당이지만 공산당이 의회의 의석을 가지고 제도정치의 주역으로 활동하는 등 상대적으로 현대화된 사회체제라는 사실을 알 수 있다.

이뿐 아니라 민주화 수준을 가늠하는 척도인 지방자치의 수준은 어느 유럽 선진국 못지않다. 겉으로 보기엔 자민당 일당 독재 국가로 보이지만 성숙한 지방자치제도로 각 지역과 도시들은 각 지역의 특성과 문화에 맞는 제도와 관행을 만들어 다양성이 최대한 보장된 사회를 유지하고 있다. 일본 중앙정치의 퇴행에도 불구하고 일본 사회가 일시에 붕괴하지 않고 현상을 유지하는 힘은 선진화된 지방자치가 건강한 토양이 있기 때문이라고 생각한다. 중앙정치는 보수 일색이지만 일본여행 중 지역을 다니다 보면 사회당, 공산당 등 진보정당들이 많은 중소도시의 행정과 시민사회 조직을 주도하며 중앙정치를 견제하고, 일본 진보의 미래를 설계해 나가는 것을 심심치 않게 볼 수 있다. 이렇게 볼 때 민주화의 핵심 가치인 '견제와 균형'의 원리가 일본사회 곳곳에서 원활히 작동하고 있는 것은 부인할 수 없는 사실이다.

우리가 원해서 그리된 건 아니지만 좋든 싫든 간에 일본 식민지를 36년간 겪은 우리의 사회 시스템, 법률체계, 언어체계, 음악, 미술, 교육 분야에까지 일본을 원산지로 하는 것들이 폭넓게 이식돼 있다. 그런 까닭에 일본의 장점도 단점도 여과 없이 쉽게 받아들여지는 게 현실이다. 이제부터라도 인류 보편의 건강한 관점을 가지고 일본을 여행하고 일본을 이해해서 합리적 문화 교류의 시대가 열렸으면 한다.

최근 윤석열 정부 들어 한국 사회에 다시 친일과 반일 논쟁이 격화되고 있다. 하루 이틀의 일은 아니지만, 해방 이후 끊임없이 이어져 오는 결론 없는 분열의 논쟁은 한국 사회 오류의 근본 원인이라 할 수 있다. 하지만 그 논쟁의 원인과 해결책은 그리 복잡하지도 않다. 그건 바로 과거사에 대한 일본의 진심 어린 사과와 그에 합당한 대외정책의 수립이다.

일본 애니매이션 '건담' 실사 모형, 동경 오다이바

모든 논쟁의 근본 원인은 가해자 일본이 자신들의 가해행위에 대해 피해자가 받아들일 수준의 사과를 한 번도 한 적 없다는 것에서 기인한다. 유럽을 불바다로 만들고, 6백만 명의 유대인을 학살한 독일은 종전 이후 지금까지 뼈를 깎는 노력과 낮은 자세로 유럽과 세계를 향해 끊임없이 반성하고 그에 합당한 제도와 시스템을 독일 사회에 장착해가고 있다. 동아시아 전체를 전쟁에 몰아넣고, 동아시아의 무고한 시민들을 무참하게 학살하고 다닌 전범국 일본은 지금 뭐하고 있나! (최근까지도 한국 지도층에서 종종 등장하는 군국주의 일본을 옹호하는 발언이 오늘의 독일에서 등장했다면 즉시 감옥행 하게 된다) 냉전 이후 또다시 군국주의로 치닫고 있는 일본이지만 그건 '한여름 밤의 꿈'으로 끝날 것이라 확신한다. 그건 바로 십수 년간 일본 방문을 통해 만난 일본의 양심들이 튼튼하게 일본의 토대를 장악하고 있기 때문이다.

이런 신뢰를 가지고 거의 매년 실행한 나의 일본여행은 계속될 것이다. 십 년이 지나도 제 자리를 지키고 있는 일본 골목골목 맛집들을 빨리 만나고 싶다. 다행히 코로나 팬데믹 이후 중단됐던 일본 무비자 여행이 2022년 10월 11일부터 재개됐다고 하니 이제 슬슬 못 가본 일본 마을들을 검색해 봐야겠다.

'디아스포라 코리안'[18]

이 중 중국, 러시아, 우즈베키스탄, 카자흐스탄, 브라질, 아르헨티나, 인도네시아 재외동포의 상당수는 일본 제국주의 식민지배의 폭력에 기인한다.

①미국 2,633,777명, ②중국 2,350,422명, ③일본 818,865명, ④캐나다 237,364명, ⑤우즈베키스탄 175,865명, ⑥러시아 168,526명, ⑦호주 158,103명, ⑧베트남 156,330명, ⑨카자흐스탄 109,495명, ⑩독일 47,428명, ⑪영국 36,690명, ⑫브라질 36,540명, ⑬뉴질랜드 33,812명, ⑭필리핀 33,032명, ⑮프랑스 25,417명, ⑯아르헨티나 22,847명, ⑰싱가포르 20,983명, ⑱태국 18,130명, ⑲키르기즈공화국 18,106명, ⑳인도네시아 17,297명, ㉑말레이시아 13,667명, ㉒우크라이나 13,524명, ㉓스웨덴 13,055명, ㉔멕시코 11,107명, ㉕인도 10,674명, ㉖캄보디아 10,608명, ㉗아랍에미리트 9,642명, ㉘네덜란드 9,473명, ㉙덴마크 8,694명, ㉚노르웨이 7,744명, 기타 국가 동포 수 97,926명

*전체 재외동포 수(193개국) 7,325,143명

'오타니 쇼헤이'의 나라, 일본에서 야구 보기

1871년 처음으로 야구경기가 열린 일본은 야구의 나라다. 유럽 마을마다 축구장이 보이는 것처럼 일본도 마을마다 크고 작은 야구장이 자리하고 있다. 일본 프로 야구(NPB)는 1936년 창설되었다. 현재는 양대리그(센트럴리그, 퍼시픽리그) 12개 팀이 경쟁하는 구조다. 동경을 연고지로 하는 최고 명문 팀 요미우리 자이언츠는 총 22회 일본시리즈 우승 역사를 가지고 있다. 일본 야구팬의 80%가 요미우리 자이언츠 팬이라는 말이 있을 정도로 일본 최고의 구단이다. 그러나 21세기 이후 팀간 전력 차이가 좁혀지고 있다. 퍼시픽리그 소속이며 후쿠오카를 연고지로 한 소프트뱅크 호크스는 밀레니엄 강호로 현재 리그를 평정하고 있다.

① 센트럴리그

요미우리 자이언츠 : 연고지는 도쿄,

홈구장은 도쿄돔(이승엽, 정민철, 조성민, 정민태)

야쿠르트 스왈로즈 : 연고지는 도쿄,

홈구장은 메이지 진구구장(이혜천, 임창용, 하재훈)

요코하마 DeNA 베이스타스 : 연고지는 요코하마,

홈구장은 요코하마스타디움

주니치 드래곤즈 : 연고지는 나고야,

홈구장은 반테린 돔(선동열, 이종범, 이병규)

한신 타이거즈 : 연고지는 오사카/고시엔,

홈구장은 고시엔구장(오승환)

히로시마 카프 : 연고지는 히로시마,

홈구장은 마쓰다스타디움

② 퍼시픽리그

소프트뱅크 호크스 : 연고지는 후쿠오카,

홈구장은 페에페이돔(이대호, 이범호)

세이부 라이온스 : 연고지는 토코로자와(사이타마현),

홈구장은 베루나돔

닛폰햄 파이터스 : 연고지는 삿포로, 홈구장은 삿포로돔

롯데 지바 마린스 : 연고지는 지바시,

홈구장은 ZOZO 마린 스타디움(이승엽, 김태균, 이대은)

라쿠텐 골든 이글스 : 연고지는 센다이시,

홈구장은 라쿠텐생명 파크(김병현)

오릭스 버팔로스 : 연고지는 오사카/고베,

홈구장은 교세라돔/호토모토 필드 고베

(이승엽, 이대호, 구대성, 박찬호)

도쿄돔, 요미우리 자이언츠 홈구장

국민연금 받기 전
꼭 가야 할 여행지

① 동아프리카 자연의 마지막 수도 '세렝게티'

세렝게티는 '끝없는 초원'이라는 뜻을 가진 명칭이다. 면적은 약 14,000 km2로 대한민국 면적의 15%가량 되는 드넓은 초원이다. 위치는 탄자니아 북쪽에 케냐 마사이마라국립공원과 접해 있다. 매년 3월과 9월이 되면 150만 마리의 누와 얼룩말들이 세렝게티와 마사이마라를 가로질러 흐르는 마라강을 목숨을 걸고 건너는 장관이 펼쳐지는 것으로 유명하다. 세렝게티는 건기와 우기의 구분이 뚜렷한 사바나 기후 지역이다. 초식동물들의 대규모 이동도 사바나 기후와 관계돼 있다. 세렝게티는 매년 3월부터 9월 사이에 건기에 접어들게 되고, 이 때문에 3월이 되면 세렝게티의 초식동물들이 마사리마라의 물냄새와 풀냄새를 따라 대이동을 하는 것이다. 반대로 마사이마라엔 9월 말에 우기가 끝나고 건기가 찾아온다. 이때 세렝게티는 다시금 동물의 왕국으로 부활하게 된다. 수만 년 동안 두 곳을 오가는 초식동물들의 걸음은 멈춘 적이 없다. 이 시간에도 그곳엔 위대한 자연의 섭리가 대초원 위에 생생하게 펼쳐지고 있다. 따라서 세렝게티로 가기 좋은 적기는 가장 많은 동물이 초원 위에 집결하는 매년 11월부터~다음 해 2월까지다.(케냐 마사이마라로 떠날 경우는 그 반대의 시기를 택하면 된다.)

세렝게티 여행을 위한 중요 확인사항

• 황열병예방접종: 접종 후 내성을 고려하여 출발 10일 전에는 꼭 미리 예방 접종을 하는 게 좋다. 탄자니아/케냐 입국 시 반드시 황열병 접종을 해야 하며 입국 시 접종하신 노란색 접종증을 소지해야 한다. 황열병 접종은 전화로 사전예약이 반드시 필수이며, 접종 시 여권, 일정표를 꼭 지참해야 한다. 접종 유효기간은 10년. 황열병 예방접종은 공인기관에서만 접종할 수 있다.

* 인천공항 국립검역소 (T.032-740-2703), 국립의료원(T.02-2260-7114/7092), 국립

부산 검역소(051-463-3501~3)

- 말라리아 접종: 병원에서 처방전 받은 후 지정된 병원에서 약을 구입해서 복용. (의무사항은 아니며, 권고 사항)
- 탄자니아(도착비자): US $50
- 6개월 이상 유효여권, 여유사증 4페이지 이상
- 반드시 여권 서명란에 본인 서명이 기재되어 있어야 함.

세렝게티로 가는 추천 항공편

코로나 팬데믹 이후 감편된 항공 일정이 많아서 현재 기준으로 판단하는 것은 무리다. 팬데믹 종료를 전제로 평시 기준 예상되는 항공편은 다음과 같다. 인천-아디스아바바(환승)-킬리만자로 국제공항(환승)-경비행기 이용하여 세렝게티 도착.(에티오피아항공, 약 17시간 가량 소요)

※ 참고로 세렝게티엔 포장된 도로나 활주로가 없고, 제트기의 이착륙이 금지되어 있는 관계로 아루샤나 킬리만자로 국제공항에서 경비행기를 이용하거나 아루샤에서 차량을 이용하여 진입해야 한다. 에티오피아항공은 아프리카 항공사 중 유일하게 인천까지 직항노선을 운영 중인 항공사다.

세렝게티의 숙소는 우리가 평소 아프리카에 대해 가지는 편견과 오해를 단번에 날려버릴 정도로 최고 수준을 자랑한다. 세계 유수의 호텔 체인들이 롯지를 운영 중이며, 그 종류와 등급도 다양하기 때문에 경제 사정에 따라 구입해서 이용하기 편리하다. 아랍 귀족들이 주로 이용한다는 '텐티드롯지'부터 백패커들이 주로 이용하는 평범한 롯지까지 자연과 일체감 있는 형태의 건축물을 이용한 숙박시설이 즐비하다. 가격은 하루 수백만 원에서 수만 원까지 등급에 따라 하늘과 땅 차이이다. 아고다, 익스피디아 등 숙박 사이트를 활용해 편리하게 예약할 수 있다. 또한, 세렝게티에서 진행하는 게임드라이브(사파리투어)는 등록된 레인저가 운전하는 지정 차량으로만 가능하다. 전문 레인저대학을 졸업한 레인저들이 운전과 가이드를 겸업하는 구조다. 주로 차량 지붕이 개방되는 6~7인승 사륜구동 짚을 이용하게 된다. 출발 전 각종 여행사이트를 통해 사전예약 가능하며, 세렝게티 관문도시 아루샤엔 세렝게티 투어를 위한 여행사들이 활발하게 운영 중이다. 단, 세렝게티 모든 산장의 객실엔 TV가 없다. TV에 나오는 어떤 화면보다 아름다운 풍경이 널려 있는 세렝게티에 TV가 있다는 게 오히려 이상한 일이다. WI-FI는 어느 숙소에서든 편리하게 이용할 수 있다.

TIP 쇼핑을 생각한다면 아루샤 인근 지역 커피농장에서 운영하는 바리스타 투어 후 커피를 사는 걸 추천한다. 케냐, 에티오피아와 더불어 탄자니아도 동아프리카 커피산지 중 하나다. 세렝게티 옆에 있는 킬리만자로산 인근 지역에도 적지 않는 규모의 커피농장이 운영 중이다. 또한 가지 전통적으로 세렝게티에선 BIG 5 동물을 만나게 행운으로 여겨진다. BIG 5는 '사자, 표범, 코끼리, 코뿔소, 버팔로'를 가리키는 말이다. 이중 멸종위기종이기 때문에 별도의 공간에서 보호되고 있는 코뿔소를 제외한 4종류의 동물은 어렵지 않게 만날 수 있다. 코뿔소는 세렝게티와 이어지는 응고롱고로 분화구에 올라가면 먼 거리에서나마 보호구역 내의 코뿔소를 만날 수 있다.

추천 여행코스

1일차/2일차(인천-세렝게티)

에티오피아항공 ET 609편 탑승하여 인천국제공항 출발

인천~아디스아바바 : 비행예정시간 약 14시간 55분

아디스아바바 국제공항 도착 후 환승

아디스아바바 국제공항 출발

에티오피아항공 ET 815편 아디스아바바 국제공항 출발

아디스아바바~킬리만자로 : 비행예정시간 약 2시간 35분

킬리만자로 국제공항 도착

경비행기를 이용하여 세렝게티로 이동

3일차(세렝게티)

전일 세렝게티 사파리 게임 드라이브 관광

- BIG FIVE 및 얼룩말, 임팔라, 누, 기린 등

음두투호수 탐방

4일차(세렝게티-올두바이-응고롱고로)

오전 세렝게티 사파리 게임 드라이브 관광(마사이마을 탐방)

- BIG FIVE 및 얼룩말, 임팔라, 누, 기린 등

인류의 고향이라 불리는 올두바이 계곡 및 박물관 탐방

세계최대의 분화구인 응고롱고로로 이동 (약 3시간 소요)

5일차(응고롱고로)

응고롱고로 분화구 사파리 게임드라이브

- BIG FIVE 및 얼룩말, 누, 임팔라 등

응고롱고로 분화구, 마사이 빌리지 답사

6일차(응고롱고로-암보셀리)

오전 응고롱고로 분화구 사파리 게임드라이브

- BIG FIVE 및 얼룩말, 누, 임팔라 등

암보셀리 국립공원으로 이동

-자유일정

7일차(암보셀리)

사파리 게임드라이브

- BIG FIVE 및 얼룩말, 누, 임팔라 등

8일차(암보셀리-나이로비)

기린센타 및 코끼리고아원 방문

사파리 캣츠쇼 관람

9일차 · 10일차(나이로비-인천)

나이로비 시내 관광 후 케냐 커피투어

나이로비 국제공항으로 이동

에티오피아 항공 ET 305 탑승하여 나이로비 국제공항 출발

나이로비~아디스아바바 : 비행예정시간 약 2시간 00분

아디스아바바 국제공항 도착 후 환승

아디스아바바 국제공항 출발

에티오피아 항공 ET 608 탑승하여 나이로비 국제공항 출발

아디스아바바~인천 : 비행예정시간 약 19시간 55분

'끝없는 초원' 세렝게티의 지평선

세렝게티 초원에서 휴식 중인 기린 무리

세렝게티 초원의 사자 가족

응고롱고로 분화구, 코끼리

② 알프스가 만든 신들의 정원 '돌로미테'

이탈리아 북부에 위치한 돌로미테는 '세계에서 가장 주목받고 있는 매력적인 산악지대'로 세계 자연유산으로 등재되어 있으며, 높이가 3,000m 봉우리가 18개 있고, 총면적이 114,903ha다. 1,500m~2,752m 사이의 트래킹 코스로 가파른 수직 절벽과 폭이 좁고 깊은 계곡이 길게 형성된 돌로미테는 세계에서 가장 아름다운 산악 경관을 연출하고 있다. 그중에서 돌로미테의 남북을 가로지르는 알타비아우노(Alta via 1) 트래킹 코스는 돌로미테의 백미로 꼽힌다. 트래킹 도중 산 아래 있는 산장에서 숙식하며 이탈리아 음식 및 오스트리아 음식을 즐길 수 있다. 일반적으로 하루에 5~7시간 트래킹하며, 특별한 산행 기술이 없어도 일반인 누구나 즐길 수 꿈같은 산행이다.

알프스 돌로미테 산장 정보

이탈리아 산악회가 운영하는 돌로미테 국립공원 내의 산장들은 세계적인 시설을 자랑하고 있다. 근처의 산간 마을마다 2~4성급까지 다양한 숙소가 있다. 대부분의 산장에서는 뜨거운 물로 샤워가 가능(유/무료)하고 음식과 와인도 판매한다. 돌로미테의 모든 산장은 기본적으로 담요가 제공되므로 침낭은 가져갈 필요가 없다. 일부 산장은 도미토리 형태가 아닌 디럭스 급으로 2~3인이 쓸 수 있는 방도 있다.

돌로미테 트래킹 최적의 시기

트래킹 최적기는 6월부터 10월이다. 돌로미테 산장은 대부분 6월 중순부터 9월 중순까지 문을 열지만, 이탈리아 전 국민의 휴가 기간인 7월 마지막 주부터 8월 둘째 주까지는 꼭 피해야 한다. 만약 이 시기에 트래킹을 할 경우 반드시 전 구간의 숙소를 미리 예약해야 한다. 가장 트래킹하기 좋은 시기는 6월 중순부터 7월 초, 8월 말부터 9월 중순까지다. 7월과 8

월의 이 지역 평균기온은 20도로 트래킹하기 좋은 날씨를 보인다.

추천 여행코스

1일차 (인천-두바이-베니스-프락서빌트제)

인천공항 출발. 두바이 도착 후 환승, 베니스 도착 후 프락서빌트제, 트래킹의 시작점인 라고 디브라이에스 호수로 이동. 에메랄드 빛 호숫가에서 휴식. 호수와 산이 맞닿은 곳에 호수 아래의 세상으로 가는 문이 있다는 전설이 얽혀 있는 곳.

2일차 (프락서빌트제-지코펠 산장)

Alta Via No.1 트래킹 | 산행거리: 6km / 약 4시간 소요

라고디브라이에스 호수에서 좌우로 난 조금한 길을 따라 트래킹 시작. 산행하며 보는 각도에 따라 산의 다양한 모습을 바라볼 수 있고, 지그재그 길을 오르면 작은 예수상을 볼 수 있다. 지코벨 산장에서 약 1시간 15분 정도 오르면 지코벨 정상(2,810m)에 오를 수 있다.

3일차 (지코벨 산장-파네스 산장)

Alta Via No.1 트래킹 | 산행거리: 14km / 약 6시간 소요

페데루 산장에서 자동차길을 따라 트래킹. 산장 매니저에게 파네스 산장까지 전송을 요구할 수 있다. n.7의 길은 약간 달처럼 황량한 매력을 가진 곳이다.

4일차(파네스 산장-라가주오이 산장)

Alta Via No.1 트래킹 | 산행거리: 11km / 약 6시간 소요

트래킹 일정 중 가장 높은 고도까지 올라가야 하는 일정. 라가주오이 산장(2,752m)까지 오르는 코스. n.10~n.11를 따라 '돌로미테의 진주'라는 리모 호수에 도착. 포셀라 델 라고에서 오르막과 내리막을 걸으며 라가주오이까지 가파른 오르막길이 펼쳐진다. 라가주오이 산장에서 보는 일몰은 트래킹 중 하이라이트.

5일차 (라가주오이 산장-친테토리 산장)

Alta Via No.1 트래킹 | 산행거리: 10km / 약 5.5시간 소요

라가주오이 산장(2,752m)에서 돌로미테를 붉게 물드는 일출 감상. 어느 코스보다 많은 식물군과 동물들을 볼 수 있는 코스. '비아페레타'라는 1차 세계대전 당시 산악부대의 이동

경로를 볼 수 있는 구간이다.

6일차 (친퀘토리 산장-크로다호수)

Alta Via No.1 트래킹 | 산행거리: 15km / 약 4시간 소요

친퀘는 5개를 뜻하고, 토리는 탑을 뜻하는 친퀘토리 봉우리 산 감상. 숲과 테라스를 지나는 거의 평지의 코스. 아름다운 호수 옆에 자리잡은 크로다 다라고 산장에서 휴식.

7일차 (크로다호수-파스 스타울란자 산장)

Alta Via No.1 트래킹 | 산행거리: 11km / 약 5시간 소요

거대한 바위산 펠모산을 끼고 울창한 숲을 걷는다. 오르막 내리막 걸으며 알프스 산맥과 다른 고산의 식물을 볼 수 있다.

8일차 (파스 스타울란자 산장-티씨 산장)

Alta Via No.1 트래킹 | 산행거리: 11km / 약 5시간 소요

라고 콜다이 호수에 비친 치베타 산을 감상하면서 트래킹. 돌로미테산 주위 경치를 보면서 걸으면 트래킹의 진수를 맛볼 수 있다. 돌로미테의 최고봉인 마르몰라다(3,343m)를 감상하며 걷는다.

9일차 (티씨 산장-파소 두란-코르티나 담페초)

Alta Via No.1 트래킹 | 산행거리: 15km / 약 6시간 소요

치베타 산을 가까이서 감상 할 수 있다. 토레 베네치아 봉우리가 아름답다. 골짜기를 가로질러 포셀라 델 캠프를 오른다. 카레스티아노 산장에서 약 1시간 산행을 하면 트래킹 종착점인 세바스티아노 산장(파소 두란)에 도착.

10일차(코르티나 담페초-베니스)

코르티나담페조에서 베니스로 이동.

코르티나담페조 : 코르티나는 장막, 장벽을 뜻하며 〈암페초의 장막, 장벽〉을 뜻함. 돌로미테 동쪽 입구라고 할 수 있으며, 여름에는 트래킹, 겨울에는 스키 등 레포츠의 중심지. 제1차 세계대전의 격전지이다.

베니스 : 117개의 섬과 150여 개의 운하, 400개의 다리로 이루어진 아름다운 물의 도시. 산마르코 광장, 두칼레 궁전, 구겐하임 미술관 등을 추천한다.

11일차/12일차(베니스-두바이-인천)

베니스 출발. 두바이 도착/환승. 인천 도착.

돌로미테로 가는 관문 '브라이에스 호수'

산봉우리가 병풍처럼 감싸고 있는 오들레 산군

돌로미테의 작은 마을 풍경

돌로미테 곳곳에서 자라나고 있는 각종 야생화

③ 북극의 태양이 빛나는 스칸디나비아

여행의 진수는 낯선 사람, 낯선 마을과의 만남이다. 이런 의미에서 한국인에게 스칸디아비아는 여행의 진수를 만끽할 수 있는 곳이다. 스칸디나비아는 해가 지지 않는 밤과 북극해의 아름다운 빛깔을 온전히 가슴에 담아올 수 있는 위대한 자연이 넘치는 반도다. 자연환경뿐 아니라 역사를 사랑하는 바이킹의 후예들이 일궈놓은 도시와 문명은 선진국으로 도약한 대한민국에 많은 교훈을 주는 곳이기도 하다. 완벽한 복지와 알프레드 노벨, 크리스티앙 안데르센이 살아 숨 쉬는 북유럽의 위대한 삶을 만날 수 있다. 스칸디나비아가 시작되는 곳에 있는 덴마크 수도 코펜하겐을 지나,

북유럽의 베네치아라고 불리는 스톡홀름, 세계 제일의 자연 경관을 자랑하는 노르웨이와 호수의 나라 핀란드, 그리고 에스토니아의 보석 같은 도시 탈린을 넘나드는 최고의 여행지가 바로 스칸디나비아다.

추천 여행코스

1일차 (인천-헬싱키)

인천 출발(핀에어, 직항), 헬싱키 도착.

2일차(헬싱키)

카우파토리(시장광장-핀란드 전통시장), 헬싱키 디자인/패션 관광(자유쇼핑), 투오미르키르코/우스펜스킨 대성당, 수오멘린나(유네스코 세계문화유산, 카우파토리에서 배편으로 15분)

3일차(헬싱키-탈린:에스토니아-헬싱키)

라에코야 광장 지역/시청 전망대/구시가 지역 자유 관광(박물관, 정원, 카페 등)/카드리오르그

4일차(헬싱키-스톡홀름)

헬싱키 출발/스톡홀름 도착, 스웨덴 왕궁/시내 자유 일정

5일차(스톡홀름-웁살라-스톡홀름)

웁살라대학/웁살라궁/감라 웁살라/미식가의 도시 스톡홀름 즐기기(외스테르말름광장, 감라스탄, 오덴플란)

6일차(스톡홀름)

노벨박물관/스톡홀름 시청 투어(전망대)

7일차(스톡홀름-오슬로)

스톡홀름 출발, 오슬로 도착, 내셔널 갤러리/뭉크박물관/로드후스(노벨상 시상식이 열리는 곳)/노벨스 프레스센테르

8일차(오슬로-예이랑에르 피오르)

오슬로 출발, 피오르 투어(예이랑에르 피오르/피오르에서 숙박)

9일차(예이랑에르피오르/송네피오르-베르겐)

예이랑에르 피오르 관광, 송네 피오르 투어/베르겐

10일차(베르겐-오슬로)

브뤼겐 역사지구/플레이바덴 케이블카(올리겐643), 오슬로 도착, 오슬로 오페라하우스

11일차(오슬로-예테보리-코펜하겐)

오슬로 출발, 예테보리-국립자연사박물관/예테보리 율레트 탑승(대관람차)/페스케세르카(시장), 코펜하겐 도착.

12일차(코펜하겐, 전용버스)

덴마크 국립박물관/루이지애나 현대미술관/햄릿의 성 '크론보르'

13일차(코펜하겐-오덴세-레고랜드)

안데르센 생가 및 박물관/레고랜드

14일차(오덴세-코펜하겐)

단스크 디자인센터/로센보르 궁/수변지구 관광/티볼리공원

15/16일차(코펜하겐-인천)

코펜하겐 출발(핀에어)-헬싱키 경유-다음 날 인천공항 도착.

오슬로 오페라 하우스, 노르웨이

중세시대가 고스란히 살아있는 탈린 구도심, 에스토니아

게이랑에르 피오르드, 노르웨이

송네 피오르드 인근에 자리한 고풍스러운 크비크닉호텔 전경, 노르웨이

참고문헌

[1] 아즈마 히로키 지음, 안천 옮김, [관광객의 철학], 리시올 2020. p21~43
[2] 설혜심 지음, [그랜드투어, 엘리트교육의 최종 단계], 웅진지식하우스 2013. p23~29
[3] 존 어리/요나스 라슨 지음, 도재학 이정훈 옮김, [관광의 시선], 소명출판. 2021, p64~69
[4] 설혜심 지음, [소비의 역사], 휴머니스트. 2017, p317~319
[5] 오룡 지음, [상상력의 전시장 엑스포], 다우. 2012, p31~44
[6] 홍대용 지음, 김태준/박성순 옮김, [을병연행록, 산해관의 잠김 문을 한 손으로 밀치도다], 돌베개. 2011, p72
[7] 헨리 앤 파트너스(Henley & Partners) 홈페이지, https://www.henleyglobal.com/
[8] 리처드 오버리 총편집, 이종경 옮김, [지도로 보는 타임스 세계 역사 2], 생각의 나무, 2010. p134~135.
[9] 유길준 지음, 허경진 옮김 [서유견문], 서해문집 2005. p19, p532~534, p551~553
[10] 기울리아 카민 지음, 마은정 옮김, [세계의 미술관], 생각의나무. 2007, p32~65
[11] 신혜련 지음, [오페라와 뮤지컬], 일송미디어 2014. p162~236
[12] 론리플래닛에서 매년 초에 출판하는 'BEST IN TRAVEL 2022'
[13] 국가기록원 NEWSLETTER 제78호
[14] 슬라보예 지젝 지음, 김희상 옮김, [새로운 계급투쟁], 자음과 모음, p53
[15] 재한유엔기념공원 홈페이지에서 발췌. https://www.unmck.or.kr/kor/main/
[16] 공동번역 성서 개정판
[17] 친일반민족행위진상규명위원회 2009년 11월 30일. [친일반민족행위진상규명 보고서Ⅱ], p273
[18] 2021년 기준, 대한민국 외교부 통계

사진 출처

1. 운행 초창기 증기기관차, Erich Westendarp
https://pixabay.com/photos/steam-locomotive-a-museum-exhibit-2664866/
2. 2020 아랍에미레이트 두바이 EXPO 전시센터, Kuriakose John
https://unsplash.com/ko/, Dubai Exhibition Centre, Dubai, United Arab Emirates
3. 토마스 쿡 항공기, Kelvin Stuttard
https://pixabay.com/photos/thomas-cook-plane-planes-summer-4497904/
4. 구글, Inactive account-ID 422737
https://pixabay.com/photos/google-www-search-online-seek-485611/
5. 스페이스 X가 개발한 발사체, SpaceX
https://unsplash.com/ko/, Cape Canaveral Air Force Station, United States
6. 달 표면에 첫 번째 발을 내딛는 루이 암스트롱, WikiImages
https://pixabay.com/photos/astronaut-moon-landing-apollo-11-60582/
7. 외젠 들라크루아 作, 민중을 이끄는 자유의 여신, 1830년, WikiImages
https://pixabay.com/photos/france-french-revolution-civil-war-63022/
8. 영국의회의사당, Bidyut Das
https://pixabay.com/photos/westminster-big-ben-london-4415853/
9. 런던 아이와 공공의 강 '템스', Dimitris Vetsikas
https://pixabay.com/photos/ferris-wheel-london-eye-river-ride-6547089/
10. 하이드파크에 있는 'EXPO'의 창시자 앨버트 공(Prince Albert) 기념비, Drago Gazdik
https://pixabay.com/photos/london-hyde-park-1517309/
11. 영국박물관 그레이트 코트, Hurk
https://pixabay.com/photos/museum-roof-architecture-london-458322/
12. 영국 국립미술관, Lori Leidig
https://pixabay.com/photos/united-kingdom-england-london-89977/
13. 영국박물관(British Museum), Hulki Okan Tabak
https://pixabay.com/photos/british-museum-museum-london-uk-5200528/
14. 아스날 홈구장 '에미레이트스타디움', Bernie Varem
https://pixabay.com/photos/arsenal-stadium-london-soccer-1584845/
15. 첼시 홈구장 '스탠포드 브릿지', Andreas H.

https://pixabay.com/photos/stadium-soccer-london-england-709181/

16. 쇼팽의 묘지, Inactive account-ID 139904
https://pixabay.com/photos/chopin-tomb-pere-lachaise-cemetery-503226/

17. 콩시에르주리, Bruno Abatti
https://unsplash.com/ko/%EC%82%AC%EC%A7%84/mEflhOTH27w

18. TGV(테제베) 프랑스 알스톰사에서 만든 유럽 최초의 고속철도, Markus Winkler
https://pixabay.com/photos/train-rail-oui-tgv-train-ice-sncf-5250757/

19. 베를린 브란덴부르크문, Sue·Schweiz
https://pixabay.com/photos/brandenburg-gate-berlin-landmark-90946/

20. 거제도 제64 포로수용소 정문앞에서 거제도를 출발하기 위해 대기 중인 민간인 부역자들 1952.4.22. (출처: 전쟁기념관 오픈 아카이브)

21. 반쪽세상의 상징, Gen Hyung, Lee
https://pixabay.com/photos/fence-wire-barbed-wire-division-3367298/

22. 뉴욕 그라운드 제로(9.11 테러 현장), WikiImages
https://pixabay.com/photos/ground-zero-world-trade-center-63035/

23. 스페인 안달루시아, 알람브라궁전, Granagramers
https://pixabay.com/photos/alhambra-granada-sunset-andalusia-3098633/

24. 자크루이 다비드 作, 나폴레옹 1세의 대관식, 1807, user1469083764
https://pixabay.com/photos/napoleon-oil-painting-the-coronation-1948529/

25. 이슬람 성지 메카의 카바사원에 모인 순례자들, Konevi
https://pixabay.com/photos/mosque-crowd-worship-mecca-islam-4372296/

26. 튀르키예 독립영웅이며, 초대 대통령인 케말 아타튀르크 묘당 앞에 모인 튀르키예 시민들, 앙카라, Eren Namlı
https://unsplash.com/ko/%EC%82%AC%EC%A7%84/mdjqOYwuG6g

27. 아시아와 유럽을 가르는 보스포루스 해협, 이스탄불, Sulox32
https://pixabay.com/photos/istanbul-galata-tower-city-turkey-4307665/

28. 나란히 휘날리는 튀르키예 국기와 유럽연합기, PublicDomainPictures
https://pixabay.com/photos/blue-country-europe-european-union-2806/

29. 에티오피아 수도 아디스아바바의 야경, Abenezer Shewaga
https://unsplash.com/ko/%EC%82%AC%EC%A7%84/WMB-Fb5LHeg

30. 최초로 커피가 발견된 땅, 에티오피아, John Iglar
https://pixabay.com/photos/coffee-map-ethiopia-beans-africa-549630/

31. 타라호수의 갈대배, Peter Wieser
https://pixabay.com/photos/ethiopia-tana-lake-reed-boat-559121/

32. 곤다르 파실게비 유적지, Heiss
https://pixabay.com/photos/gondar-ethiopia-ruins-2062921/
33. 민족의 영산 백두산 천지, 8daodao
https://pixabay.com/photos/changbai-mountain-tianchi-2094249/
34. 천안문 광장, 북경, Clarkelz
https://pixabay.com/photos/tiananmen-square-beijing-attractions-965028/
35. 상해 마천루, HYUNGNAM PARK
https://pixabay.com/photos/shanghai-waitan-china-city-3616625/
36. 중국 개혁개방의 상징 도시 심천, 李大毛没有猫
https://unsplash.com/ko/%EC%82%AC%EC%A7%84/RjSf0lZOyiM
37. 평화 기념 공원(왼쪽 돔, 히로시마 평화 기념 자료관), Giada Nardi
https://pixabay.com/photos/hiroshima-japan-architecture-trip-4704922/
38. 세계 최초의 미니카세트 플레이어 '워크맨', WikimediaImages
https://pixabay.com/photos/sony-wm-fx421-walkman-2202305/
39. UN본부, 뉴욕, Filip Filipović
https://pixabay.com/photos/un-new-york-manhattan-cityscape-3414137/
40. 1945년 5월 미 해병대, 오키나와 전투, janeb13
https://pixabay.com/photos/war-soldiers-marines-okinawa-battle-1172111/
41. 일본 애니매이션 '건담' 실사 모형, 동경 오다이바, Samuele Schirò
https://pixabay.com/photos/gundam-statue-odaiba-japan-tokyo-1010971/
42. 도쿄돔, 요미우리 자이언츠 홈구장, htmgarcia
https://pixabay.com/photos/tokyo-stadium-dome-834479/
43. 돌로미테로 가는 관문 '브라이에스 호수', Ales Krivec
https://pixabay.com/photos/lake-braies-alps-travel-italy-2582653/
44. 돌로미테의 작은 마을 풍경, Alessandro
https://pixabay.com/photos/funes-dolomites-italy-landscape-4984899/
45. 산봉우리가 병풍처럼 감싸고 있는 오들레 산군, Mario Hagen
https://pixabay.com/photos/mountains-summit-meadow-dolomites-5544365/
46. 돌로미테 곳곳에서 자라나고 있는 각종 야생화, Mario
https://pixabay.com/photos/flowers-fog-mountain-landscape-4387827/
47. 오슬로 오페라 하우스, Reinhard-Karl Üblacker
https://pixabay.com/photos/ballet-house-opera-house-oslo-338256/
48. 중세시대가 고스란히 살아있는 탈린 구도심, 에스토니아, Jacqueline Macou
https://pixabay.com/photos/estonia-tallinn-roofs-architecture-912315/

김준엽

1994년 7월 중국 배낭여행을 시작으로 지금까지 29개국을 여행하였다. 청년 시절엔 NGO 활동을 통해 인권운동에 기여했으며, 7년간 여행사를 직접 운영하기도 했다. 그 후 2017년부터 서울특별시 성북구청, 서울특별시의회, 창원특례시 등에서 공직을 역임했다. 현재는 공직을 떠나 또다시 새로운 여행지를 탐색 중이다.